于桥水库流域生态补偿机制研究与方案探索

张　震　主　编

周笑白　梅鹏蔚　副主编

中国环境出版集团·北京

图书在版编目（CIP）数据

于桥水库流域生态补偿机制研究与方案探索/张震主编. —北京：中国环境出版集团，2020.9

ISBN 978-7-5111-4449-2

Ⅰ. ①于… Ⅱ. ①张… Ⅲ. ①水库—流域—水环境—环境综合治理—研究—天津②水库—流域—生态环境—补偿机制—研究—天津 Ⅳ. ①X143②X321.221

中国版本图书馆 CIP 数据核字（2020）第 179607 号

出 版 人　武德凯
责任编辑　韩　睿
责任校对　任　丽
封面设计　岳　帅

出版发行　中国环境出版集团
（100062　北京市东城区广渠门内大街 16 号）
网　　址：http://www.cesp.com.cn
电子邮箱：bjgl@cesp.com.cn
联系电话：010-67112765（编辑管理部）
发行热线：010-67125803，010-67113405（传真）
印　　刷　北京建宏印刷有限公司
经　　销　各地新华书店
版　　次　2020 年 9 月第 1 版
印　　次　2020 年 9 月第 1 次印刷
开　　本　787×960　1/16
印　　张　10
字　　数　146 千字
定　　价　38.00 元

参编人员

主　编：张　震

副主编：周笑白　梅鹏蔚

编　委：李泽利　赵兴华　高　锴　王秋莲　李旭冉

韩　龙　卞少伟　姜　伟　王子璐　王亚舒

夏妍梦　古小超　吴娅琳　尹彦勋　赵修青

黄欣然　巩元帅

前 言

流域生态补偿旨在保护和可持续利用生态系统服务，是以经济手段为主调节相关者利益关系的制度安排。近年来，我国各地政府纷纷开展流域生态补偿的探索，形成了多项适用于我国的生态补偿制度、生态补偿法律法规、生态补偿资金筹集制度等成果。然而流域生态补偿目前存在补偿量小力微、缺乏有效机制保障、补偿基数不尽合理、补偿渠道和方式单一等问题，严重制约了流域生态补偿，特别是跨行政区的流域生态补偿的开展。建立健全流域生态补偿机制，从管理、技术、经济等多角度保障流域生态补偿势在必行。

天津市是全国人均水资源占有量最少的特大城市，人均水资源占有量仅 370 m^3，低于全球公认的极度缺水（500 m^3）的限值，饮用水和居民生产生活用水匮乏。为保障天津市水资源安全和天津市的可持续发展，1982 年引滦入津工程正式开工，将滦河上游的潘家口水库和大黑汀水库的水引入于桥水库，形成了天津唯一的饮用水水源地。近年来，上游河北省工农业快速发展，大量污染物通过潘家口水库、大黑汀水库以及引滦沿线排入于桥水库，于桥水库的水环境质量持续恶化，汛期甚至出现蓝藻暴发现象，严重威胁到天津市的饮用水安全。而上游河北地区长期以来实施严格的环境保护政策，牺牲了区域经济发展机遇，过多地承担了流域水质保护的成本，造成上下游区域经济发展差距较大。上下游有关流域水环境保护和经济发展之间的矛盾与日俱增。利用流域生态补偿的政策，结合多种技术方法，能够保证流域总量控制的科学性和可操作性，对解决于桥水库流域污染问题，对协调整个流域共同保障于桥水库水环境安全具有重要意义。

本书在充分研究流域生态补偿的基础理论和国内外研究进展的基础上，结合于桥水库流域水环境和经济发展的具体问题，分析了于桥水库流域生态补偿的必要性。结合现有的流域生态补偿的理论和于桥水库的实际情况，本书初步建立了于桥水库流域生态补偿机制，确定了于桥水库的补偿范围。通过包括基于生态系统服务功能价值的核算方法、基于生态保护与建设成本的核算方法、基于水环境容量的核算方法等多种方法核算了于桥水库流域生态补偿的资金总量，并通过基于居民生活水平的分配方法、基于水质调整因子的分配方法、基于综合污染指数的分配方法等方式明确了生态补偿资金的分配方法。同时，本书对于桥水库污染来源进行了分析，并采用 PLOAD-BATHTUB 模型预测了潜在的环境整治方法，对比了不同治理方法的效果，并对比了不同的治理方案的生态、经济和社会效益，推荐了于桥水库流域生态治理的最佳方案，并提出了于桥水库流域补偿和治理的建议，以期为解决于桥水库流域污染问题和上下游环境保护问题提供理论支撑。

在编写过程中，笔者参考了众多专家学者的著作和科研成果，再次向相关作者表示衷心感谢。由于生态补偿涉及领域广泛，于桥水库环境问题复杂以及编者水平的限制，可能存在疏漏和不足之处，敬请读者不吝批评指正。

目　录

第 1 章　流域生态补偿的基础理论和国内外研究进展

1.1　生态补偿的重要意义

生态补偿旨在保护和可持续利用生态系统服务，是以经济手段为主调节相关者利益关系的制度安排。生态补偿是对在经济社会发展中生态功能和质量受损的一种补助，这些补助有助于提高受损地区的环境质量或者创建新的具有相似生态功能和环境质量的区域，调节生态保护利益相关者之间利益关系，最终实现人与人之间、人与自然之间的和谐发展。生态补偿理念最早体现在发达国家的环境保护政策中，如德国在 1976 年开始实施的侵害干预政策，美国 1986 年开始实施的湿地保护占补平衡政策。目前，生态补偿已经被广泛应用于矿山开发、森林保护、城市改造、水环境保护等多个领域中。

我国政府高度重视生态环境安全，并将生态补偿作为管控污染排放、保护生态环境质量和保障经济可持续发展的重要抓手。1996 年，国务院在《关于环境保护若干问题的决定》中明确提出“污染者付费、利用者补偿、开发者保护、破坏者恢复”的理念，并要求国务院有关部门“建立并完善有偿利用自然资源和恢复生态环境的经济补偿机制”。此后，中央在下发的一系列文件中（如《国民经济和社会发展第十一个五年规划纲要》《国务院关于落实科学发展观　加强环境保护的决定》等）明确提出了“加快建立生态补偿机制”或“抓紧建立生态补偿机制”的要求。党的十八大以来，国家提出了“五位一体”的总体布局，将生态文明建设提升到了与社会、经济、政治、文化建设同一高度。党的十八大要求建立生态补偿机制，“在综合考虑生态保护成本、发展机会成本和生态服务价值的基础上，采取财政转移支付或市场交易等方式，对生态保护者给予合理补偿”，从而“明确界定生态保护者与受益者权利义务”。中共十八届三中全会提出了实行资源有偿使用制度和生态补偿制度。中共十八届四中全会提出用严格的法律制度保护生态环境，建立健全自然资源产权法律制度，完善国土空间开发保护方面的法律制度，制定完善生态补偿和土壤、水、大气污染防治及海洋生态环境保护等法律法规，促进生态文明建设。中共十八届五中全会通过了关于制定国民经济和社会发展第十三个五年规划的建议，明确提出要加大对农产品主产区和重点生态功能区的转移支付力度，强化激励性补偿，建立横向和流域生态补偿机制。随着我国政府对生态保护重视程度的进一步提高，以及新《环境保护法》“大气十条”“水十条”和“土十条”的相继推行，生态补偿将成为控制污染源头、促进环境保护的有力保障，对区域生态环境安全和社会经济的可持续发展都具有积极的作用。

1.2 流域生态补偿

水资源是基础性的自然资源和战略性的经济资源。随着全球各地经济发展和人口增加，对水资源的需求量也日益增加，随之而来的水环境污染问题也日益严重。水资源短缺和水污染已经成为全球经济可持续发展的瓶颈，因此保护水环境安全业已成为全球的热点问题。流域是一个封闭的地形单元，是水文管理的基础单元。基于流域的生态补偿，有助于分析不同区域对水环境的利用和贡献率，并基于此从经济学角度分析上下游之间的利益分配关系，从而实现水资源的有效利用和流域生态环境的可持续发展。

1.2.1　流域生态系统

流域是指地表水及地下水分水线所包围的集水区域的总称。习惯上常指地表水的集水区域。流域有以下几个特点：

（1）完整性。流域是一个完整的生态系统，生态系统中的各个元素及空间布局都可能影响流域自身的完整性。因此，流域范围内的水资源开发和污染，即使是局部范围内的水量、水质变化，都有可能影响流域整体的安全。

（2）区域分割性。某些河长度较长，汇水范围较大，其流域也就相对面积广阔、跨度较大。如莱茵河流域、密西西比河流域、长江流域都横跨多个行政区域，这就导致完整的流域生态系统被众多的利益主体分割管辖。这是造成流域上下游地区在水资源开发利用中产生冲突的源头，也是导致流域水环境保护和受益关系错配的原因。这就从客观层面上增大了流域生态环境保护的难度。

（3）单向性。除少数由人为控制和水文条件较为复杂的区域外，流域汇水方向是由地形决定的，即水由地势高的地区流向地势低的地区，由支流流向干流，因此上游人类活动对下游水资源的影响是单向性的。如上游加大流域生态环境保护的力度有助于改善下游的水质水量；而上游地区排污和乱砍滥伐则可能导致下游泥沙量增加，水环境质量下降。

流域整体性、区域分割性、单向性的特征导致了流域管理的复杂性。流域管理涉及的利益较广、利益相关方利益关系复杂，必须理清头绪，分清利益关系，采用政治和经济手段改善流域上下游之间的关系，保障流域环境和社会经济的和谐发展。

1.2.2　流域生态补偿

1. 流域生态补偿概念

流域生态补偿是通过经济、政策、产业发展等手段，对生态环境相对脆弱的上游地区保护流域生态环境的行为进行补偿，以弥补它们保护环境的成本及发展机会成本的损失。流域生态补偿是生态补偿理念在水环境保护中的应用，是以实现社会公众利益为目的的对流域范围内水资源开发、利用、保护的权利义务关系进行重新分配。

通俗地讲，流域生态补偿是在流域上下游或者流域内水资源使用主体间展开的补偿，其目的是维持流域内生态系统服务功能的稳定性，保障流域内的水量和水质。针对流域内的不同主体，广义的流域生态补偿保护两个方面的含义：狭义生态补偿和生态赔偿。

狭义生态补偿是对流域内生态保护行为的支持。对整个流域而言，上游地区为流域生态环境的主要保护者，承担着保护水源地、物种多样性等重要的环境责任，需要比中下游投入更多的环境保护资金，放弃更多的自身发展机会；中下游地区作为流域生态系统服务的受益者，享受着比上游生态保护者更多的生态利益和发展经济的机会，在生态建设上投入较少。利用经济和政策手段给上游环境保护行为以一定的补偿，可以解决上下游收益错配的问题，提升上游的水资源保护积极性和全流域对水资源价值的认识。而生态赔偿则是对损害流域环境安全和生态健康行为的处罚。简而言之就是利用法律法规对流域范围内污染排放、生态破坏的行为进行经济处罚，而这部分资金将用于治理污染、修复环境损伤和赔偿经济损失。

2．流域生态补偿原则

建立流域水质生态补偿机制需坚持污染者赔偿和受益者补偿原则、水质和水量相统筹原则、先易后难和逐步推进原则、注重实际和易于操作原则、政府主导和全社会参与原则。

1）污染者赔偿和受益者补偿原则

流域生态补偿首先要明确补偿主体及利益相关方的责任。根据流域水环境质量要求，当流域出现污染问题，影响到其他利益相关方的利益时，由污染方负责赔偿；当流域上游地区通过环境保护、开源节流等方法增加了下游水量、改善了下游水质时，则应根据协议给上游地区一定的经济补偿。

2）水质和水量相统筹原则

经济发展不仅需要充足的水量，还需要较好的水质。如果只有水质没有水量，则会造成下游资源型缺水；如果水量充足但水质无法应用于生产生活，就会造成水质型缺水，同样无法满足经济社会发展的需要。因此，流域生态补偿要兼顾水质和水量，将科学合理的流域污染赔偿和生态补偿机制有机地结合起来。

3）先易后难和逐步推进原则

一方面，部分地区由于水力学原因和地域分割原因等，很难在短时间内理清补偿关系；另一方面，生态补偿过程中涉及多个不同的利益方，不同利益方对生态补偿理解不同，关系极为复杂。因此，在推进流域生态补偿过程中，应该坚持由点及面、先易后难、逐步推进的原则，选择责权利较为明确、相关责任主体补偿意愿较强、技术基础相对较好的流域先开展试点。通过试点经验的积累及试点的经济、社会、环境效果的展示，带动更多流域的生态补偿工作。

4）注重实际和易于操作原则

不同流域的水力状况、水环境质量、区域经济状况都有所差别，因此生态补偿的方法、补偿的额度也会有所差异。因此要根据不同的情况，具体流域具体分析，充分利用生态学、环境经济学、流域管理理论和财政学的方法，结合流域的污染控制和生态保护实际情况，建立流域生态补偿和污染赔偿机制。所用的主体确定方法、范围确定方法、监测方法、补偿核算方法、补偿分配方法等关键技术应突出重点、简化细节，一方面通俗易懂，便于操作；另一方面也可以降低监测、核算的成本。

5）政府主导和全社会参与的原则

由于流域生态保护的成果是公共物品，受益者可以是全人类、特定国家和区域的居民、企业、社会团体和个人等。由于生态保护的成果受益者通常是一定地域范围的大多数居民，因此，政府有责任代表全民建立和开展流域生态补偿。同时，作为生态系统保护成果受益者的个人、企业和团体也应积极参与。

3. 流域生态补偿国内外研究进展

流域生态补偿在国内外已经拥有成功的案例，其中补偿的主体包括政府也包括企业。政府在流域生态补偿中起到了主导性作用。1986 年美国田纳西州为了减少土壤侵蚀对流域周边的耕地和边缘土地的所有者和使用权人进行补偿的政府行为，这是流域生态补偿的雏形。1990年德国和捷克对贯穿两国的易北河开展流域治理。下游的德国向捷克支付一定的补偿金额，支持捷克改良农用水灌溉质量、减少污染物排放、保障流域生物多样性等环境保护行为，也是流域生态补偿的经典案例。我国政府在新安江推行生态补偿政策，中央和浙江省给予上游的安徽省一定的经济补偿以支持其水环境保护工作，以保障千岛湖的水环境安全，也取得了不错的效果。除政府外，国内外一些企业基于企业发展和社会影响也开展了相应的环境补偿工作，如哥斯达黎加水电公司对上游流域植树造林土地所有权人的补给，法国瓶装水公司对上游施行绿保农业的农户予以补偿，达能集团给予我国广西地区保护林木的村民一定数量的经济补偿等。生态补偿行为不仅为这些依赖清洁水源生产的企业提供了高质量的原材料，也为企业赢得了良好的声誉。

为保障流域生态补偿的有效开展，各国都建立了不同的水生态补偿机制。美国的水银行和水权转让机制就是一种有效的生态补偿机制。水银行在1976年由美国的爱达荷州水资源局首先设立，其作用是将水资源丰足地区的水资源转移给水资源缺乏的地区和买家，而水资源匮乏的地区可以通过资金、水资源保护技术和工程、科研协作等模式回馈水资源供给区。为保障水银行的运行和水权交易的顺利实施，美国在明确了水权归属的基础上，出台了一系列相关的法令、规范性政策将水权交易手续程式化。水银行和水权交易有效地推动了区域水资源保护的积极性，提高了区域水资源的利用率。如1985年洛杉矶市与伊母皮里灌区签订的水权交易协议中，洛杉矶市为该灌区兴建节水型灌溉设施和渠道，以此换取节省下的水资源的水权。该交易提高了灌区的水资源利用效率，也为洛杉矶市提供了大量水资源。政府在整个项目中的宣传、示范、引导农民实施节水农业，并在节水科研上提供了有力的支撑。

我国降水时空分布不均，一方面导致我国水资源利用率低下；另一方面造成区域性水资源紧张。除兴修水利工程外，我国也尝试利用经济的手段解决水资源匮乏问题。我国在流域补偿方面也开展了一系列的研究，在流域生态补偿理论（概念、内涵、外延、原则、前提和理论基础等）、流域管理方法（跨省市、跨流域、跨部门的协调管理体制和转移支付制度）和补偿方法（生态补偿量化、补偿资金的分配方法、补偿资金的筹措）等方面，取得了一定的研究成果。国家积极推进流域生态补偿制度。2010 年，国务院就已将研究制定生态补偿条例列入立法计划，2013 年《生态补偿条例》的草稿已经形成并进入广泛征求意见的阶段。包括天津市、河北省、辽宁省、浙江省、福建省在内的很多省份和地区也出台了一系列流域补偿意见和方法指南（表 1-1）。部分地区已经建立了省内和区域之间的流域生态补偿试点。然而，目前我国流域生态补偿的研究尚处于起步阶段，还没有建立起行之有效的生态补偿机制，流域生态补偿缺乏顶层设计，生态补偿范围和额度缺乏标准，难以达到最佳生态补偿效果。

表 1-1　我国各地区流域生态补偿法律法规

省份	法律、法规
天津市	《引滦水环境补偿协议》
河北省	《河北省人民政府办公厅关于在子牙河水系主要河流实行跨市断面水质目标责任考核并试行扣缴生态补偿金政策的通知》
辽宁省	《辽宁省跨行政区域河流出市断面水质目标考核暂行办法》
浙江省	《浙江省人民政府关于进一步完善生态补偿机制的若干意见》 《浙江省生态环保财力转移支付试行办法》
福建省	《福建省闽江、九龙江流域水环境保护专项资金管理办法》 《福建省重点流域生态补偿办法》
山东省	《山东省人民政府办公厅关于在南水北调黄河以南段及省辖淮河流域和小清河流域开展生态补偿试点工作的意见》
海南省	《海南省万泉河流域生态环境保护规定》
陕西省	《陕西省渭河流域生态环境保护办法》
河南省	《河南省沙颍河流域水环境生态补偿暂行办法》
江西省	《关于加强东江源区生态环境保护和建设的决定》
山西省	《关于实行地表水跨界断面水质考核生态补偿的通知》 《关于优化部分地表水跨界断面水质考核生态补偿机制监测点位的通知》
湖北省	《湖北省流域环境保护生态补偿办法（试行）》 《湖北省江汉流域（干流）环境保护生态补偿试点方案》
湖南省	《湘江流域生态补偿（水质水量奖罚）暂行办法》

1.2.3 跨区域流域生态补偿

跨区域的流域生态补偿是流域生态补偿中较复杂的一种情况。较大的河流（如莱茵河、尼罗河、亚马孙河、长江等）流域通常跨越多个行政区域，容易引发流域内上下游的不同行政区划之间有关水资源开采、分配和利用的一系列利益冲突。利益冲突双方为了各自的利益都追求最大限度的水资源利用量和污染排放量，不仅会造成上下游之间的冲突，还可能引发流域水资源破坏、环境污染、生态破坏等环境问题，影响流域行政区内经济、社会和环境的和谐发展。比如，非洲第一大河尼罗河流经多个缺水国家（苏丹、埃塞俄比亚和埃及等），各国为得到更多的水资源而矛盾不断。西欧第一大河莱茵河穿越瑞士、列支敦士登、奥地利、德国、法国和荷兰等国，20 世纪中叶以来，随着工业的高速发展，污水排入莱茵河，莱茵河曾一度成为欧洲最大的“下水道”，污染事件频繁发生，引发上下游之间的矛盾。加拿大与美国农场跨境环境污染溢出问题时发现跨境环境污染影响了两国的福利，甚至影响两国政策制定者对企业利润与福利的决策。我国西北、华北等地区水资源短缺，由水资源量竞争和水环境污染也导致了一些上下游地区的矛盾，影响了流域生态状况和上下游经济发展。

跨行政区域的流域生态保护的复杂性在于其涉及多个政府部门，如果没有统一的领导，各方都追求自身利益的最大化，很难形成统一的合力。1950 年，瑞士、法国、卢森堡、联邦德国和荷兰 5 国在巴塞尔成立了莱茵河防治污染国际委员会，希望对莱茵河上游污染开展治理，给下游带来高质量的水资源。但由于缺乏相应的组织机构和经济方法，莱茵河生态流域保护以失败告终。到 1980 年，流域的排污量是 1949 年的 20 倍，下游德国和荷兰的水质均受到了极大的影响。我国的 7 大河流流经多个省份，近年来流域水生态环境质量下降严重，但省与省之间环境保护的合作非常有限。为改善跨多行政区的流域的环境健康，使下游的群众有水可喝，工业农业发展有水可用，有必要政治经济手段双管齐下，开展跨行政区域的生态补偿研究。

目前，国外已经开展了大量的跨行政区域的生态补偿，比如德国和捷克有关易北河流域的生态补偿、美国纽约市对上游卡茨基尔河和特拉华河的农场主的流域生态补偿都有效地解决了污染问题。我国部分省份尝试开展跨省流域生态补偿的具体实践，自 2011 年以来，包括新安江流域在内，我国已开展九洲江、汀江—韩江、东江、滦河、渭河流域等六大河流的生态补偿机制。但考虑到现有上游保护投入和治理成本及未来生态治理需求，目前开展的补偿还存在经济、政策和技术上的问题：在经济上，上游和下游的行政区追求利益的最大化，上游不愿意牺牲经济发展机会，而流域下游也缺乏对资源付费的意愿；在政策上，多地生态补偿缺乏流域生态补偿机制和主导机构，难以组织有效的生态补偿；在技术上，生态补偿的范围界定、补偿金额的确定和分配等尚缺乏科学的方法。流域生态补偿量小力微、缺乏有效机制保障、补偿基数不尽合理、补偿渠道和方式单一等问题严重制约了流域生态补偿，特别是开展跨行政区的流域生态补偿，建立健全流域生态补偿机制，从管理、技术、经济等多角度保障流域生态补偿势在必行。

1.3　流域生态补偿机制

流域生态补偿机制是以保护流域生态环境，促进流域上下游可持续发展为目的，根据生态系统服务价值、生态保护成本、发展机会成本、生态保护意愿等标准，运用经济手段，调节生态保护利益相关者之间利益关系的公共制度。目前大多数流域生态补偿都是在政府的组织引导下开展的。一方面，政府可以作为生态补偿的主体，通过征收排污费等方式参与补偿；另一方面，政府还可以提供指导，协助利益方在科学计算的基础上通过博弈的方式实现生态补偿。由于流域生态补偿问题牵扯到许多部门和地区，在政府主导的基础上，还需建立一个具有战略性、全局性和前瞻性的流域补偿框架，建立相对完善的组织管理机制、运行机制、资金管理机制和监督机制，切实推动流域生态补偿项目，激励流域产业调整和环境保护。

1.3.1 组织和管理机制

组织和管理机制是推动跨省流域生态补偿的重要保障。组织与管理机制的成功构建需要完善的决策机制和健全的法律法规体系。

1. 决策机制

流域生态补偿说到底是多个利益相关方之间的一种权利、义务、责任的重新平衡过程，如何平衡、调整多少、调整到哪都需要有一个强有力的决策机制。决策机制包括决策领导系统、信息收集系统、技术支持系统等多个体系，其目的是对流域生态补偿主体、流域补偿范围、补偿方法等做出抉择。

1）决策领导系统

决策领导系统是决策体制的核心，由拥有决策权并负有责任的决策者及其设立的决策机构组成。流域生态补偿的决策领导机构既可以由上级部门和利益方共同组成，也可以由第三方机构担任。其主要任务是明确补偿主体，评估补偿方案，选择最终方案，并对整个决策过程进行领导、协调和控制。

2）信息收集系统

信息收集系统的主要作用是收集和处理信息，及时地为决策系统提供有价值的决策信息，保证决策信息通道畅通。流域生态补偿过程需要收集整个流域的地形信息、水文水利信息、社会经济信息等大数据，通过数据库的不断更新，随时调整补偿方案。

3）技术支持系统

技术支持系统是专门为领导决策提供科学支撑的系统，汇集了专家、技术人员的智慧。流域生态补偿过程中的难点在于补偿主体、补偿范围、补偿方法和补偿额度的确定，而景观生态学理论、生态经济学理论、可持续发展理论和各种水力、经济、环境模型的有机结合，可以为流域生态补偿提供理论支持和科学指导。

4）结果预测系统

结果预测系统是通过软件模拟生态补偿预期产生的经济效益、社会效益和环境效益的系统，其结果将辅助生态补偿的最终决策。生态补偿的方法种类多样，选择的方法是否能有效地解决水资源问题，或选择何种方法解决水环境问题效果更好是决策过程中的重要问题。预测系统可以对比不同补偿方法的投入和效果，对优化补偿方法、提高补偿效率有积极的作用。

5）监督考核系统

监督考核系统可对执行系统贯彻、执行决策系统的指令情况进行检查监督，还负责优化决策。流域生态补偿过程中可能出现很多不可预见的因素，可能会影响决策方法的执行，因此需要随时监督考核并对方案、方法进行优化。针对流域生态补偿的资金使用、工程进度、绩效等进行监督和考核有利于保证流域生态补偿的顺利贯彻、执行，也有助于在决策出现问题时及时调整。

2．法律法规

实施补偿要明确各利益主体之间的身份和角色，并明确其相应的权利、义务和责任内容。这就需要法律法规对利益主体做出明确的界定和规定，并对其在生态环境方面具体拥有的权利和必须承担的责任提出原则性的规定。此外，流域生态补偿机制的关键是长期、稳定、有效运行，这就需要法律法规对流域上游和下游的利益加以保障，使生态补偿项目在法律框架内依照法律有序运行。若没有相应的法律法规保障，各利益相关者无法界定自己在生态环境保护方面的责、权、利关系，不能保障利益各方长期履行责任，则可能影响生态补偿项目的公平性、长久性、稳定性，可能导致受保护流域再次陷入“公地悲剧”的陷阱之中。

流域生态补偿是一个长期的过程，涉及多个利益主体和大量的资金、人力、技术投入。国内外不乏生态补偿失效的案例。能否保障流域生态补偿可持续地开展，取得较高的经济效益、社会效益和环境效益是衡量一个决策机制是否有效的标准。

1.3.2　运行机制

监测、运行、考核机制是生态补偿项目的重点所在。监测机制是监测活动规范、及时，监测数据准确、有效的重要保障。运行机制包括监测机制、核算机制、资金筹集机制和资金管理机制，是生态补偿顺利、可持续进行的基础。考核机制是补偿高效性、投资有效性的保障。

1. 监测机制

建立公平合理科学的水质监测机制是流域生态补偿机制的基础。水质监测不仅是明细生态补偿对象、确定生态补偿额度、分析生态补偿效益的基础，也是考核流域生态补偿效果、调整生态补偿方法、发布生态风险预警的数据基础。因此，监测断面的布点要确保能分清楚上下游的水质保护责任，监测机构要得到所有利益方的认可。为了确保采集数据的精准性和连续性，可在需要连续采集数据站点建立自动监测系统。同时，为保证水质监测的公正、公平和透明度，监测方法、质控方法、监测数据都应该及时向生态补偿组织领导机构上报，经批准上报公众平台，接受公众监督。

流域水质监测机制包括例行监测机制和应急监测机制。例行监测主要是针对补偿流域的重点断面开展监测，补偿机制需要明确监测责任人、监测频次、监测方法、监测结果的有效性等一系列技术性问题。应急监测则主要应对流域内出现的污染事故，主要调查事故的影响范围、污染情况、污染物毒性、消解能力等，为下游水污染预警、对策分析和生态赔偿提供数据支撑。

2. 核算机制

由于流域水质随年份和季节有所差异，会影响到流域补偿的结果，因此要根据水质监测结果，随时核算流域生态补偿量。此外，在突发事件发生时，还要加测跨界断面水质，并计算突发事件损失，根据突发事件发生原因，核算污染赔偿。

一般来说，补偿标准初步核算主要考虑以下 4 个方面的问题：

1）生态保护者的直接投入和机会成本

生态保护者为了保护生态环境，投入的人力、物力和财力应纳入补偿标准的计算之中。同时，由于生态保护者要保护生态环境，牺牲了部分的发展权，这一部分机会成本也应纳入补偿标准的计算之中。从理论上讲，直接投入与机会成本之和应该是生态补偿的最低标准。

2）按生态受益者的获利

生态受益者没有为自身所享有的产品和服务付费，使得生态保护者的保护行为没有得到相应的回报，产生了利益的错配。为保障利益的合理分配，提高生态保护者的保护积极性，需要生态受益者向生态保护者支付这部分费用。因此，可通过产品或服务的市场交易价格和交易量来计算补偿的标准。

3）生态破坏的恢复成本

资源开发活动会造成一定范围内的植被破坏、水土流失、水资源破坏、生物多样性减少等，直接影响到区域的水源涵养、水土保持、景观美化、气候调节等生态服务功能，减少了社会福利。因此，按照"谁破坏，谁恢复"的原则，需要将环境治理与生态恢复的成本核算作为生态补偿标准的参考。

4）生态系统服务的价值

生态服务功能价值评估主要是针对生态保护或者环境友好型的生产经营方式所产生的水土保持、水源涵养、气候调节、生物多样性保护、景观美化等生态服务功能价值进行综合评估与核算。国内外已经对相关的评估方法进行了大量的研究。就目前的实际情况而言，由于在采用的指标、价值的估算等方面尚缺乏统一的标准，且在生态系统服务功能与现实的补偿能力方面有较大的差距，因此，一般按照生态服务功能计算出的补偿标准只能作为补偿的参考和理论上限值。

3．资金筹集机制

稳定且可持续的资金来源是实现有效生态补偿的重要保障。根据现有的国内外项目基础，生态补偿的资金一方面来源于政府的财政转移支付；另一方面来自企业的付费。政府通过征收补偿费，一方面获得资金收入；另一方面也限制了污染排放量，控制了环境污染。而企业付费多采用市场补偿的手段，可作为政府生态补偿的有效补充。

1）政府补偿

政府直接利用财政收入或者通过征收生态税取得的资金对生态进行补偿，或者在税收上对环保企业、污染企业拆迁、“三高”企业向环境友好企业转移进行减免，实现区域的生态补偿。这种方式是目前绝大多数地区所采用的，其占生态补偿资金的比重最大。

2）市场补偿

市场补偿手段在发达国家应用较为广泛。秉着“谁受益，谁付费；谁保护，谁受偿”的原则，通过水权交易的方式，允许水权在不同企业之间进行交易，或者将上游节余的优质水资源有偿地提供给下游使用者，以此来获得生态补偿资金。

3）公益捐助

公益捐助主要是接受国内外单位机构、个人的捐款或援助。流域可以通过冠名权、广告权等方式吸引投资和环境组织的援助，另外还可以通过多种方式拓宽社会捐助渠道，接受社会团体和个人资金、物品方面的捐赠。

4. 资金管理机制

要高效利用补偿资金需要构建行之有效的资金管理机制，从资金使用的人员上、使用和结算的制度上进行全方位的管理。

1）设置专门的管理机构

对流域补偿资金进行有效管理，离不开运转高效的管理机构。管理机构主要负责专项资金的筹措、资金分配核算、资金使用管理和资金使用绩效评估。同时，应在管理机构中下设技术咨询部门，为相关技术指导、规划协调管理、仲裁有关纠纷或重大决策提供咨询意见。

2）健全资金管理的日常管理制度

对于每一个流域的生态补偿，补偿管理机构必须依照国家有关财务会计法规，建立健全资金管理的各项规章制度，保证资金的合理使用。具体包括资金管理责任制度，资金的拨付和使用制度，严格的会计核算程序，定额管理、原始记录管理和计量验收管理制度，监督复核制度及奖惩制度等。对验收不合格的工程，要进行责任追究，对相关责任人给予行政处分，要建立起经济手段、行政手段和法律手段相结合的惩戒机制。

3）构建资金管理的责任会计体系

要确保流域资源补偿资金的安全有效运行，必须加强对资金的管理和控制，实行报账制，建立责任会计体系。通过对责任中心进行指标考核，将考核指标和报酬联系起来，使责任会计形成严密的核算和考核体系，并辅之以相应的奖惩办法。发现资金使用有违法行为的，要追究责任人员行政和刑事责任。

5. 考核机制

考核机制是指依照流域水质改善的目标或绩效标准，评定流域水环境保护状况和流域生态补偿项目的推进完成情况，并根据评定结果反馈给各个部门的一种机制。对流域补偿试点实施情况开展评估，可以系统、客观、准确地反映补偿机制实施成效，分析存在的问题并寻求解决方案，为提高流域水环境补偿的实施效率，解决区域社会经济发展与水资源短缺的矛盾提供技术支撑。

1.3.3　公众参与和监督机制

公众参与机制是为了保证生态补偿所有利益相关主体都能参与进来。流域影响范围广泛，流域范围内的公众有权知晓流域生态补偿的组织形式、核算方法、资金使用、自身责权等方面的内容，同时也可以履行监督的权利。公众参与机制的实施是在保障公众知情权的基础之上，鼓励公众积极投身生态补偿项目的投资、科研工作；而监督机制的确立有助于提升生态补偿项目的效果和资金使用有效性，同时也有利于提升公众对项目的理解力和支持度。

1. 保障公众的知情权

保障公众的知情权是公众参与机制的基础。可以通过建立公共平台，发布项目监测方法、监测数据、补偿资金核算方法、核算数量、资金流向、工程绩效等方法，保证公众的知情权。也可以采取生态补偿听证制度，征求公众代表对补偿形式和补偿额度的建议，提高公众参与生态补偿的积极性。此外，还可以设立咨询和监督电话，解答公众和媒体对生态补偿项目中的问题，鼓励公众和媒体行使监督权，积极举报污染治理、补偿资金管理、绩效考核中存在的问题，提高流域生态补偿效率。

2. 鼓励公众参与生态补偿项目投资

流域生态补偿是保障流域经济可持续发展的经济补偿政策，对区域生态环境会产生明显的改善作用。流域生态补偿初期一般是政府主导，但随着人们对生态环境重要性认识的提高以及流域生态补偿经济效益的逐渐显现，可鼓励企业、公益团体和个人加入流域生态项目的投资。第一，企业和流域居民作为流域水资源的受益者，享受水资源价值及其衍生价值，其参加流域补偿也体现了“谁受益，谁付费”的理念。第二，引入更多的生态补偿资金可以减轻国家财政拨款的负担，稳定资金来源，有利于实现流域生态补偿的可持续发展。第三，个人和企业资金进入流域生态补偿有利于提高生态补偿的效率。研究表明，个人和企业付费的生态补偿效益远高于政府生态补偿。鼓励有影响力的地方组织机构参与，有利于增强内生激励，提升补偿计划的可持续性。

3. 加大监督管理力度

流域生态补偿需要宏观考量流域整体利益的可持续性最大化发展，考察流域补偿的方式和资金额度，以及流域内各类主体的补偿效果，因此需要做好以下几点：

1）要增强监督意识

各个流域补偿执行单位积极配合监督。各单位要在认真落实好政务公开制度的同时，逐步建立重大决策公开咨询、听证、报告制度等，保证补偿审批、补偿过程、资金筹集应用和结果验收运行中的公开性和透明度，主动接受监督。

2）强化权力制约

要对生态流域补偿各个权力进行分解和制约，防止权力过于集中，杜绝利用手中的权力为个人谋取私利的行为。尤其在财务审批、物资采购、工程建设项目管理上，要把决策、执行、监督三权分离开来，形成相互制衡的关系。

3）要建立监管机构

监管机构可以由上级政府部分布设，也可以是由完全中立的纯公共机构担当，主要负责流域宏观决策和监管，制定有关流域标准和规则，对流域政府间大型协作进行引导、指导，其对可能影响流域整体利益的补偿协定进行备案审查。

4）要严格执纪执法

严格遵守我国和地区有关生态流域补偿的法律法规，对于破坏补偿规定、违反财经纪律、失职、渎职行为严肃查办，坚决惩处。对在补偿过程中不接受监督，不坚持民主集中制，造成决策失误的，应严肃查处。

1.3.4　我国流域生态补偿机制建立情况

完整的生态补偿机制包括成熟的决策机制、有力的运行机制、严格的监管机制。目前我国从法律角度、经济角度、环境角度等多个方面对流域生态补偿机制开展了研究，同时现有的生态补偿实例积累了大量的经验，在流域补偿机制创建方法研究中取得了极大的进展，具体表现在以下几个方面：

1）流域补偿法律制度更为完善

中央政府和许多地方政府积极试验示范，探索开展生态补偿的途径和措施。2005 年 12 月颁布的《国务院关于落实科学发展观加强环境保护的决定》、2006 年颁布的《中华人民共和国国民经济和社会发展第十一个五年规划纲要》等关系到中国未来环境与发展方向的纲领性文件都明确提出，要尽快建立生态补偿机制。为了建立促进生态保护和建设的长效机制，党中央、国务院又提出“按照谁开发谁保护、谁破坏谁治理、谁受益谁补偿的原则，加快建立生态补偿机制”。2010 年 4 月由国家发展和改革委员会牵头制定的《生态补偿条例》（以下简称《条例》）正式启动，《条例》起草工作小组先后分成 6 个专题调研组分赴 13 个省进行调研。目前，《条例》草稿已经出台，其中第九条规定：生态补偿的范围应当包括森林、草原、湿地、矿产资源开发、海洋、流域和生态功能区，共七个方面。该条例的出台可为推进生态补偿法律出台提供理论依据。2015 年颁布的新《环境保护法》明确规定了生态补偿制度，标志着我国生态补偿制度步入法制化进程。2015 年 4 月颁布的《水污染防治行动计划》明确提出“实施跨界水环境补偿”，要求“建立跨界水环境补偿机制，开展补偿试点”。这些法律法规等成为我国流域生态补偿的有力抓手，有助于流域生态补偿的实施和可持续发展。

2）流域补偿更加科学

水资源是经济发展和居民生活的必需品，因此流域上下游之间对水资源的争夺由来已久。为缓解上下游之间的矛盾，缺水的省份和地区通过协商和博弈的方法开展补偿，其补偿资金是否合理，补偿项目是否有效有待商榷。随着计算机技术、景观生态学、生态经济学和水文水利模型的发展，多种流域生态补偿范围的确定方法、流域生态补偿额度的计算方法、流域生态补偿额度的分配方法、流域补偿结果预测方法等应运而生，可以满足不同尺度、不同地域、不同水环境状况的流域生态补偿需求。这些方法和技术可以使生态补偿范围的确定和方法的选择更为科学，有助于合理规划生态补偿范围、确定补偿方法、预估补偿资金，也为上下游之间生态补偿决策和补偿额度的博弈提供了理论基础。

3）流域补偿方式更加多样

目前我国开展的生态补偿，政府仍处于主导地位，但企业和市场流域生态补偿也逐步融入其中。政府的强制性、无偿性的行政手段具有体系化、层次化和组织化的优势，因此对已破坏或污染的生态环境的治理、恢复的效果是十分显著的，但存在资金效率不高和政府财政压力较大的问题。企业和群众也可以不同形式参与到生态补偿中。一方面，企业和群众也通过交水费、排污费等环境使用付费的方式间接地参与到了流域生态补偿之中；另一方面，随着生态补偿理念的逐步深入人心，一些企业如达能、伊利、农夫山泉开始通过资金资助促进上游流域居民和政府保护生态环境，而群众对环境保护活动补偿的意愿也逐步提高。这种以政府财政转移支付为主，鼓励企业和群众以多种方式参与流域生态补偿的方式将有助于生态补偿工作的可持续开展。

4）流域生态补偿的管理方法更为清晰有效

流域生态补偿不仅涉及流域上下游多方的利益，同时也涉及农业、渔业、工商、环保、水利等多个部门的管辖职责。如果没有一个清晰的权责和成熟的管理体系，必然会出现九龙治水的现象，严重影响流域生态补偿的效率。近年来，我国开展了一系列有关流域生态补偿机制的研究，辽宁、河北、福建、天津、北京等多个省市都出台了流域生态补偿的方案。同时，随着一些生态补偿项目的开展，各地也积累了一些管理的经验，对管理中可能出现的问题也开展了研究。在这些理论研究和实践经验基础上建立的流域生态补偿管理方法将细化不同部门的权责，落实各项任务的实施，考核各个项目的绩效，管理机制相较流域生态补偿推动之初也更为明晰有效。

5）流域生态补偿监管体系更为完善

要使流域补偿公平合理，让流域补偿得到广大人民群众的理解和支持，就需要对流域生态补偿进行全过程多方位的监管。流域监管主要由政府承担，比如对环保工程开展进度的审核、对水质和水量的监测、对补偿资金使用的审查、对补偿效果的考核等。同时，通过公开流域重大污染事件、水环境质量、补偿方法等信息，让公众参与监管，并在流域监管中起到重要的辅助作用。新修订的《环境保护法》专门设立了“信息公开和公众参与”章节，明确“公民、法人和其他组织依法享有获取环境信息、参与和监督环境保护的权利”。《水污染防治行动计划》提出了“通过公开听证、网络征集等形式，充分听取公众对重大决策和建设项目的意见”。这些法律、法规、政策支持更多的数据可以通过平台传递给媒体和公众，媒体和公众的监督也将成为政府监督的良好的补充，使监测体系更为完整。

通过理论研究和经验积累，我国已经形成了多项适用于我国的生态补偿制度、生态补偿法律法规、生态补偿资金筹集制度等成果。但我国流域生态补偿研究起步较晚，目前的制度和实践都过于碎片化，要形成一个完整的生态补偿机制并使之能够有效服务于流域生态补偿项目，还有很长的路要走。

1.4　跨省流域生态补偿决策机制

省、自治区、直辖市是我国的一级行政区划，地方最高行政区域。我国跨省界河众多，近 30%的国土面积上分布着跨省行政区域的大江大河，如东江、新安江、淮河、海河、辽河等。跨省流域生态补偿就是以省为行政单元开展的上下游之间的生态补偿。

1.4.1 我国建立跨省流域生态补偿的必要性

2014 年《中国水资源公报》显示，我国河流中水质类别在Ⅲ类以下的河长占比超过了 1/4，超过 1/10 的河长水质为劣Ⅴ类，黄河、辽河、海河等多个跨省河流的下游地区（如北京、天津等城市）水环境质量较差，已经影响到该地区居民生活和经济的发展。

流域上游地区无节制地用水和排污，以及整个流域（特别是上游省份）水环境保护不到位是影响我国跨省流域水环境安全的主要因素。要保护良好的流域生态环境，上游发展必然受到一定的限制，还要耗费大量的人力、物力、财力，这使得本就贫穷落后的上游地区不堪重负。上游施行环境保护政策后，下游地区虽然可以享受上游环境保护所带来的成果，却未给予上游提供一定的经济、技术补偿，这导致流域内环境保护的利益错配长期存在，流域上下游的经济差异越来越大，上游保护流域环境的积极性降低。而上游为谋求发展增加了水资源需求和污染排放，而影响流域的水质。这严重影响了流域的水环境安全和上下游之间的和谐发展。利用经济手段调整流域内的利益关系，对保护我国流域健康，促进流域内各省市之间协调发展，提高水资源的综合利用率具有积极的意义。

1.4.2 我国建立跨省流域生态补偿机制的机遇

目前，无论从我国水环境质量、国家政策还是百姓的环境认知上都给跨省流域生态补偿机制的构建创造了机遇。

1. 我国跨省河流数量众多，污染严重，急需开展流域生态补偿

我国的主要河流，如长江、黄河、海河、辽河等都是跨省河流，近年来这些河流污染问题较为严重。海河、淮河、辽河、黄河劣Ⅴ类水质断面分别占总流域的 37.5%、14.9%、7.9%、12.9%，且污染主要集中在下游断面，对下游地区的生产生活构成了一定的威胁。因此需要尽快开展流域生态补偿，而完善的流域生态补偿制度无疑是开展生态补偿的基础条件。

2．党和政府高度重视

国家对水环境污染、水环境质量和污染排放管理日益严格。为保障水环境质量安全，我国不仅在 2015 年 1 月 1 日修订出台了新《环境保护法》，并且在 2015 年 4 月 2 日正式发布了《水污染防治行动计划》，从法律、法规、政策层面加大了水污染防治和水污染惩治的力度，也对各省（区、市）的主要断面水质提出了要求。2016 年 12 月 13 日，水利部、环境保护部、发展改革委、财政部、国土资源部、住建部、交通运输部、农业部、卫计委、林业局等十部委在北京召开视频会议，部署全面推行“河长制”各项工作，确保如期实现到 2018 年年底前全面建立“河长制”的目标。强化落实“河长制”，从突击式治水向制度化治水转变。流域生态补偿是用经济学手段实现水污染防治的有力方法。构建跨省流域生态补偿机制，加快省际生态补偿，有利于采用市场的手段调配流域上下游的水资源使用权和污染排放权，是行政方法和工程方法保障区域水环境安全的有效补充。

3．我国群众的环保意识逐渐提高，对生态补偿的认同率有所提升

随着我国人民文化素质的不断提高，大家对“生态环境就是生产力”的理解也越来越深刻，很多群众已经意识到了水环境污染所造成的经济损失和人类健康损失，因此对流域生态补偿的认同率逐步提升，特别是经济发达地区的居民有意向利用资金换取较好的生态环境和安全的水资源。这给跨省流域生态补偿的推行创造了可能，间接促进了跨省流域生态补偿机制的建立。

此外，新安江流域跨省生态补偿的顺利开展以及我国各省对跨省流域生态补偿开展的有代表性的研究分别为流域生态补偿机制的建立提供了实践和理论基础。

1.4.3　跨省流域生态补偿决策机制的重点问题

决策机制是跨省流域生态补偿的重中之重，决定了整个生态补偿的成败。与普通生态补偿决策机制相同，跨省流域在生态补偿决策过程中也需要构建领导机构、信息采集体系、技术支撑体系等一系列决策要素，不同之处在于跨省流域要结合我国行政区划管理的现状，从流域的角度平衡上下游之间的利益。流域内不同省份的经济发展、人口数量、自然环境、文化习俗等都存在一定的差异，因此对水资源价值的认识和保护意愿有所不同。因此，需要综合多方面因素构建跨省生态补偿体系，着重解决以下两个问题：

1．跨省流域生态补偿机制的顶层设计

建立跨省流域生态补偿制度，必须依靠国家或专门的领导机构进行顶层设计。流域生态补偿说到底就是对利益的再调整，必然会引起流域上下游地区之间的利益冲突，只有依靠国家、省之间形成的联盟体或者中立机构进行调整，利益的重新分配才能得以进行。原因在于各省本身存在自利性，而流域水资源又属于公共物品，具有非排他性和非竞争性的特征，各省往往会争取自身利益最大化。而经济发展需求大量的水资源也产生了大量的污染物，这势必会影响水资源质量。而跨省流域的生态保护涉及一个较大的区域、大量资金、人力和物力，需要调动流域内所有省份的积极性，方能达到生态补偿的最佳效果。因此需要运用系统论的方法，从全局的角度，对流域生态补偿的各方面、各层次、各要素进行统筹规划，以集中有效资源，对主导流域生态环境的区域和行业开展补偿，提高流域生态补偿资金和其他要素的有效利用率。第一，跨省流域补偿需要一个能够超脱地方狭隘利益的上层机构或第三方机构，能够站在全流域的角度来调整省际的权利义务分配关系，选取最适于补偿的区域和方法开展各种方式的补偿。第二，要明确并统一流域生态补偿的原则和相关规定，遵循流域生态补偿“谁污染，谁付费；谁保护，谁受益”“谁利用、谁保护，谁污染、谁治理”的基本原则，根据流域自身的水文、生态特点、各省经济发展状况和利益方对水质要求制定相关的规定，保障流域生态补偿的可持续开展。第三，要建立有效的沟通协调体系。流域生态补偿过程是流域上下游地区利益博弈的过程，因此要在建立利益双方沟通通道的同时，做好双方利益的协调工作，保障生态补偿的顺利进行和出现问题时生态补偿方法的快速调整。

2．科学合理确定流域水质生态补偿标准范围

合理确定流域水质生态补偿标准范围是建立有效的流域水质生态补偿的基础，也是流域水质生态补偿成功与否的关键因素。利益双方需要对补偿范围、补偿额度、分配情况等多项因素进行协商，在协商的过程中，各方利益主体平等参与、相互协商和自愿协调，但前提条件是需要通过技术分析先期确定流域补偿范围。技术分析能给利益双方提供博弈的基础，有助于双方开展有效的沟通，缩短沟通时间。目前，国内外研究了多种生态补偿范围、额度和分配的方法：如生态补偿范围可以通过 SWAT 或 Invest 等模型，根据流域的地形结构、水文水利特征分析确定；额度可以根据流域土地利用、损失的机会成本、投入的建设成本等来计算；分配方法可以根据利益双方的经济状况、受益方得到的水量和水质等进行选择。理论分析可以为协商提供一个合理的补偿范围，根据这个范围和利益双方的经济、社会情况确定最终的补偿额度。

1.5　研究目的和意义

本书以天津市的饮用水水源地于桥水库为例，旨在研究跨省流域生态补偿的决策机制。结合流域信息收集和科学技术支撑，该决策机制构建了明确生态补偿主体、补偿对象以及补偿的方式模式，核算和确定生态补偿标准范围的方法，并采用模型对不同补偿方法产生的绩效进行了预测。该机制可以为跨省流域生态补偿提供科学有效的范围，对优化补偿方法、提高补偿效率具有积极的作用，对推动我国跨省流域生态补偿的发展具有重要意义。

第 2 章　于桥水库环境问题及补偿的重要性

天津市是全国人均水资源占有量最少的特大城市，人均水资源占有量仅 370 m^3，低于全球公认的极度缺水（500 m^3）的限值，饮用水和居民生产生活用水匮乏。

为保障天津市水资源安全和天津市的可持续发展，1982 年引滦入津工程正式开工，将滦河上游的潘家口水库和大黑汀水库的水，经过 12.39 km 长的穿山隧洞，沿河北省遵化市境内的黎河，进入于桥水库，再沿州河、蓟运河南下，最后分别由明渠、暗渠进入天津市。作为天津市唯一的饮用水水源地和重要的供水来源，于桥水库在天津市经济和社会发展中占据举足轻重的地位。

2.1　于桥水库流域范围及基础状况

2.1.1　于桥水库介绍

于桥水库位于天津市蓟州区城东州河出山口处，距蓟州区县城约 4 km，距离天津市区约 115 km。于桥水库是一座山谷与平原过渡型盆地水库，入库河流包括黎河、沙河、淋河三条自然河流。于桥水库最大回水东西长约 30 km，南北宽 8 km，坝顶高程达 28.72 m，总库容达 15.59 亿 m^3，正常蓄水位 21.16 m，相应库容 4.21 亿 m^3，水库多年平均径流量 5.06 亿 m^3。作为引滦入津输水工程的大型调蓄水库，于桥水库每年为天津提供饮用水和其他生产生活用水。据水利部门提供的数据，

2013 年于桥水库实际供水量为 8.868 亿 m^3，服务总人口为 812.5 万人，人均日生活用水量 109.1 kg。除防洪、供水外，于桥水库还具有灌溉、发电、养殖等功能。

2.1.2 于桥水库流域范围

流域生态保护的目的是保护流域生态功能，因此需要以生态服务功能为基础，评价不同地域单元的生态服务功能重要性，确定生态补偿的地域范围，明确对水环境质量有重要意义的地域和生态系统。并根据其重要程度与等级，明确生态补偿的优先次序和补偿量。

本书基于流域生态学的水文完整性原则，利用 ArcGIS 10.0 平台空间水文分析（Hydrology Modeling）模型，以数字高程模型和 Landsat TM 遥感影像数据为基础，经过无洼地 DEM 生成、提取水流方向、汇流累积量计算、水流长度计算、河流网络生成、河网分级以及流域分割等步骤进行流域特征提取，并划定于桥水库流域范围（图 2-1）。

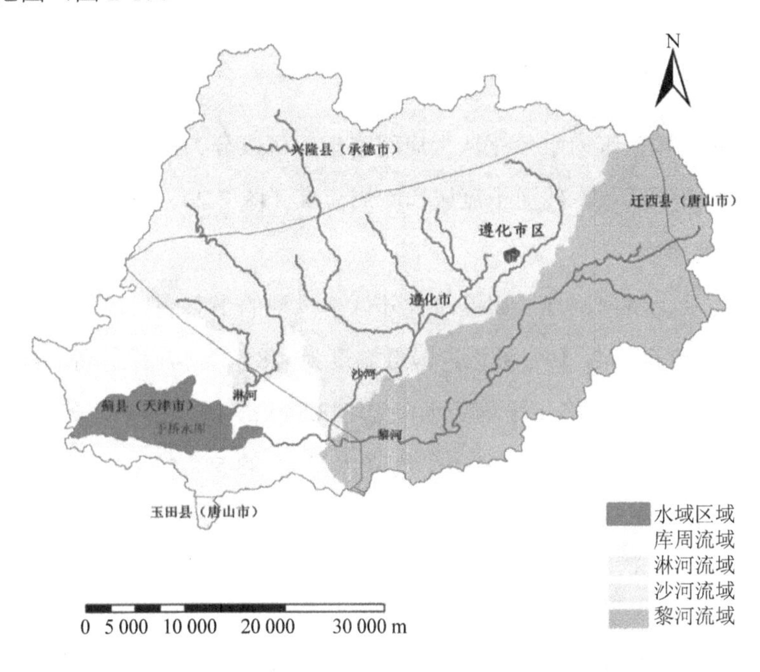

图 2-1 于桥水库流域范围

于桥水库流域控制范围 2 060 km^2，自东向西跨越冀、津两地，河北省境内流域面积 1 636 km^2，约占全流域面积的 79%；下游的天津市境内的流域面积 424 km^2，约占全流域的 21%。于桥水库基本形态特征见表 2-1。

表 2-1　于桥水库基本形态特征

项目	数值	项目	数值
正常蓄水水位/m	21.16	总库容/亿 m^3	15.6
正常蓄水水位兴利库容/亿 m^3	3.85	正常蓄水水位水面面积/km^2	86.8
最大长度/km	30（东西）	最大宽度/km	10（南北）
最高海拔/m	30	最低海拔/m	9
最大水深/m	12	平均水深/m	4.74
坝高/m	28.72	放水洞进水口底高程/m	8.5
平均年径流量/亿 m^3	6.67	水库补给系数	23.73
总面积/km^2	135	流域面积/km^2	2 060

注：水位高程为大沽高程系统。

2.1.3　于桥水库流域自然环境状况

于桥水库流域范围内水量充沛、河网密集，可以分为四个子流域，分别是淋河子流域、黎河子流域、沙河子流域和库周流域（图 2-2）。

1．气候与降水

于桥水库及上游河网地区属温带大陆性季风型的半湿润气候。年平均气温为 10.4～11.5℃，全年气温 1 月最低，最低温度为–28.6℃，7 月最高，最高温度为 41.2℃。流域降水丰沛，多年平均降水量为 748.5 mm，降水的季节分配差异很大，主要集中在汛期 6—9 月，占多年平均降水量的 83.5%。多年平均年蒸发量为 1 000 mm，北部山区为 900 mm。

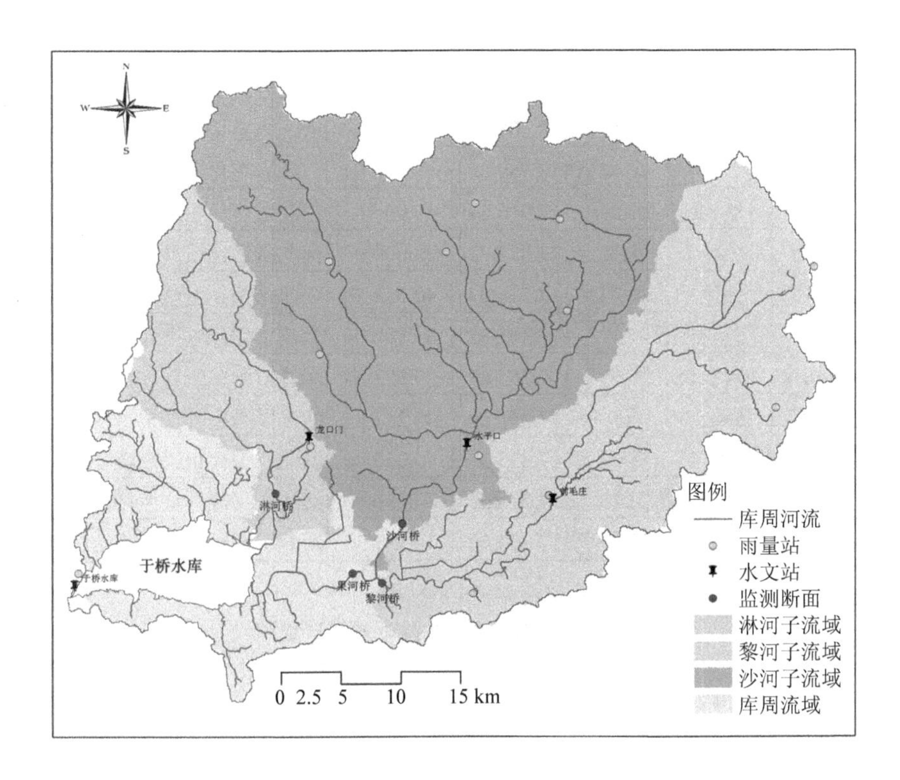

图 2-2　于桥水库流域自然概况

对于桥水库自然流域内 16 个雨量站 2006—2015 年的降水情况进行统计，结果见表 2-2、表 2-3 和图 2-3。结果显示，流域降水空间分布不均，多年平均降水量为 523.8～725.3 mm。年内降水主要集中在 6—9 月，占全年降水的 80%以上。降水组成见表 2-3，天津降水 pH、EC 及离子当量浓度雨量加权平均值见表 2-4。

表 2-2　流域内雨量站基本信息

序号	站名	河名	站别	经度/（°）	纬度/（°）	观测场地点
1	新立村	淋河	降水	117.616 67	40.166 67	河北省遵化市东陵乡新立村
2	龙口门	淋河	水文	117.683 33	40.116 67	河北省遵化市石门镇
3	大河局	沙河	降水	117.950 00	40.266 67	河北省遵化市侯家寨乡大河局水库
4	遵化	沙河	降水	117.950 00	40.200 00	河北省遵化市遵化镇北关

序号	站名	河名	站别	经度/（°）	纬度/（°）	观测场地点
5	水平口	沙河	水文	117.850 00	40.100 00	河北省遵化市东新庄镇北营村
6	接官厅	黎河	降水	118.200 00	40.216 67	河北省遵化市建明镇炸糕店村
7	东旧寨	黎河	降水	118.150 00	40.116 67	河北省遵化市东旧寨乡东旧寨村
8	前毛庄	黎河	水文	117.916 67	40.066 67	河北省遵化市东新庄镇前毛庄
9	柴王店	黎河	降水	117.833 33	40.000 00	河北省遵化市刘备寨乡柴王店村
10	于桥水库	州河	水文	117.516 67	40.033 33	天津市蓟州区渔阳镇于桥村
11	上仓	州河	降水	117.383 33	39.900 00	天津市蓟州区上仓镇上仓村
12	邦均	秃尾巴河	降水	117.266 67	39.983 33	天津市蓟州区邦均镇
13	沙坡峪	蒲地河	降水	117.866 67	40.283 33	河北省兴隆县孤山子乡沙坡峪村
14	冷咀头	蒲地河	降水	117.833 33	40.250 00	河北省遵化市兴旺寨乡冷咀头村
15	挂兰峪	魏进河	降水	117.716 67	40.250 00	河北省兴隆县挂兰峪镇挂兰峪村
16	马兰峪	马兰河	降水	117.700 00	40.183 33	河北省遵化市马兰峪镇西街

表 2-3 流域内雨量站降雨量统计结果

雨量站	年降雨量	1 月	2 月	3 月	4 月	5 月	6 月	7 月	8 月	9 月	10 月	11 月	12 月
均值/mm	634.2	0.9	3.5	10.6	20.9	43.2	108.4	230.9	108.1	61.2	30.5	12.6	3.4

表 2-4 天津降水 pH、EC 及离子当量浓度雨量加权平均值

采样点	pH	EC	当量浓度/（mol/L）								
			SO_4^{2-}	NO_3^-	F^-	Cl^-	NH_4^+	Ca^{2+}	Mg^{2+}	Na^+	K^+
天津环保局	7.19	98	316	190	9	36	55	510	29	10	10
塘沽站	5.08	103	530	208	17	187	178	501	100	97	27
蓟州区站	6.16	95	331	173	24	41	256	321	35	13	9
天津市	5.58	98	380	185	19	79	198	403	51	34	14

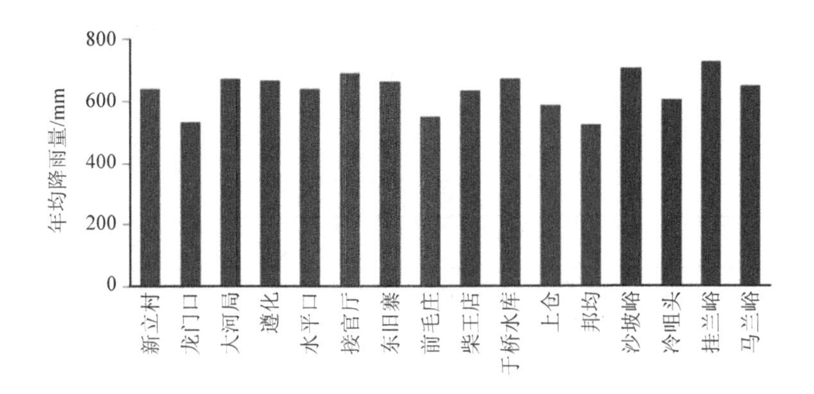

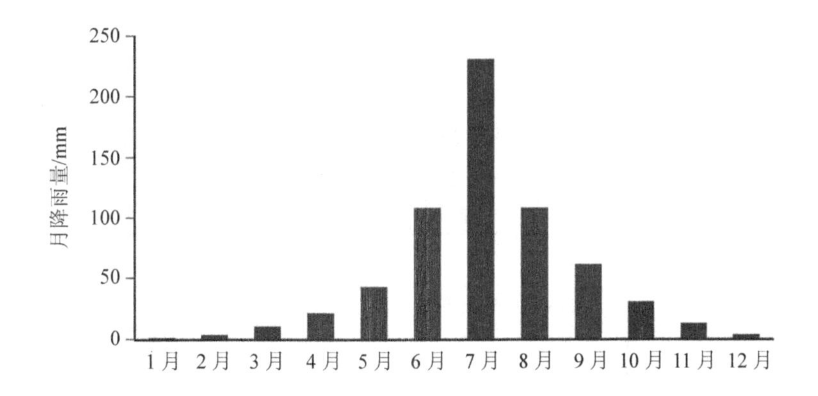

图 2-3　各雨量站年均降雨量及月降雨量统计

2．河流水系

该区域水系发达，河网密集。流域中的河流属海河流域的蓟运河东支州河水系，介于潮白河、滦河两大水系之间，是海河、滦河流域的重要水系之一。水系发源于燕山山脉，是雨水—地下水补给型。主要入库河流有淋河、沙河和黎河，以及库周大大小小 20 余条季节性沟渠（表 2-5）。近 10 年的水文统计数据显示（表 2-6），3 条入库河流多年平均径流量约为 6.67 亿 m^3。库周汇水面积 433.0 km^2(含库区面积 78.3 km^2)，通过产流计算可得库周多年平均汇水量为 2.18 亿 m^3（含库区多年平均降水量约为 0.52 亿 m^3）。总体上看，于桥汇水区以外来引滦调水补给为主，约占全部汇水量的 60%以上。于桥水库多年平均出流量为 5.87 亿 m^3。

表 2-5 于桥水库地表汇水水系特征

	沙河	黎河	淋河
水系特征及接纳水体	源于承德市兴隆县大青山，干流自东北斜贯西南直入于桥水库，沿程接纳了房山沟、蒲池河、老爪河、清水河、冷咀水河、北岭河、魏进河、马兰河等主要大小支流，构成较典型的羽状水系。季节性河流，上半支在汛期之外，基本呈断流状态；下半支常年有水，汛期外属地下水基流。接纳了少量遵化市的工业废水和生活污水	源于唐山市迁西县庆儿峪，河道沿中道山东麓自东北向西南流，沿程接纳了小厂河、东黎河、老峪河等支流后向西注入于桥水库。黎河地表径流年际变化大，多集中于暴雨季节。来水包括本流域地表径流与引滦输水两部分。接纳了遵化市的一些工业废水及沿途村落污水	源于承德市兴隆县若乎山，干流自北偏西向南先注入石门附近的龙门口水库，而后入于桥水库，沿途只接纳了一条较大的支流——道古峪河。淋河基本处于断流状态，径流大部分集中于每年 7 月、8 月的雨季

表 2-6 流域内水文站流量统计结果

序号	河名	站名	集水面积/km^2	月平均流量/（m^3/s）						年均流量/（m^3/s）	年径流量/（$10^8 m^3$）
1	沙河	水平口	799	1 月	2 月	3 月	4 月	5 月	6 月	2.41	0.761 9
				1.50	1.50	1.41	1.21	1.27	1.88		
				7 月	8 月	9 月	10 月	11 月	12 月		
				4.39	6.30	3.07	1.97	2.27	2.09		
2	黎河	前毛庄	340	1 月	2 月	3 月	4 月	5 月	6 月	17.1	5.393
				0	0	2.79	21.6	44.0	18.1		
				7 月	8 月	9 月	10 月	11 月	12 月		
				0.70	6.81	8.29	26.6	52.3	23.5		
3	淋河	龙门口	126	1 月	2 月	3 月	4 月	5 月	6 月	0.210	0.066 1
				0	0	0	0	0	0.563		
				7 月	8 月	9 月	10 月	11 月	12 月		
				0.151	1.40	0.385	0	0	0		

序号	河名	站名	集水面积/km²	月平均流量/（m³/s）						年均流量/（m³/s）	年径流量/（10⁸ m³）
4	淋河	淋河桥	252	1 月	2 月	3 月	4 月	5 月	6 月	1.62	0.512 4
				0	0	0	0	0	1.88		
				7 月	8 月	9 月	10 月	11 月	12 月		
				8.32	7.93	0.970	0.122	0	0		
5	州河	于桥水库	2 060	1 月	2 月	3 月	4 月	5 月	6 月	18.6	5.871
				17.4	16.2	16.7	23.7	18.8	16.5		
				7 月	8 月	9 月	10 月	11 月	12 月		
				22.7	17.2	19.4	14.9	22.3	17.6		

3. 土壤类型

该地区土壤类型主要包括棕壤、褐土和潮土三种类型。从全国土壤分区来看，流域土壤类型应属于褐土地区。其中流域北部及东北部地区，其土壤类型为褐土；以河北省遵化市为中心的中南部平原地区，其土壤类型为潮土；其余地区为丘陵，主要为棕壤的分布区。流域范围内发现铁、锰、铬等 30 余种矿物，矿产资源丰富、种类多、储量大。

2.1.4　于桥水库流域社会经济状况

于桥水库位于天津市的蓟州区（2016 年前名为蓟县），上游支流流经河北省承德市、唐山市的迁西县、遵化市和天津市的蓟州区，是典型的跨省河流水库。于桥水库流域范围覆盖河北省承德市兴隆县、唐山市迁西县、遵化市、玉田县和天津市的蓟州区。河流流经区县均为地广人稀的农业县，主要以农业人口为主，具体见表 2-7。

经济上，天津市蓟州区以生态旅游为先导大力发展第三产业，呈现出生态与经济互促双赢、和谐发展的良好局面。河北省三个县市则以高能耗、高污染的钢铁产业为支柱产业，对资源的依赖性较高，区域内矿产、土地、水等资源环境矛盾突出。各地区人均 GDP 和居民收入水平见表 2-8。

表 2-7　2012 年于桥水库流域内各区县人口分布状况

地区			人口数量/万人	面积/km^2	流域内面积/km^2	折合流域面积内人口/万人
河北省	承德市	全市	376.9	39 519		
		兴隆县	32.4*	3 123	401.95	4.17
	唐山市	全市	763.96	13 472		
		迁西县	39.32	1 439	15.66	0.42
		遵化市	74.33	1 521	1 183.48	57.81
		玉田县	68.93	1 165	15.15	0.90
天津市		全市	1 413.5	11 946		
		蓟县	85.54	1 593	449.76	23.77

注：*兴隆县人口数据是 2011 年统计数据。

数据来源：2012 年河北省、天津市国民经济和社会发展统计公报。

表 2-8　2012 年于桥水库流域内各区县社会经济发展状况

地区			人均地区生产总值/元	城镇居民人均收入/元	农村居民人均收入/元
河北省	承德市	全市	31 332	18 706	5 546
		兴隆县	25 432	15 365	6 251
	唐山市	全市	76 726.9	24 358	10 698
		迁西县	99 389.6		
		遵化市	69 958.6		
		玉田县*	44 668.5	24 685	11 337
天津市		全市	91 180.6	29 626	13 571
		蓟州区	38 929.2		

注：*玉田县数据为 2013 年数据。

数据来源：2012 年河北省、天津市国民经济和社会发展统计公报。

2.2　于桥水库水环境状况分析

2.2.1　于桥水库水质现状分析

1. 水质监测结果

每月对于桥水库水质进行监测，水质监测方法参照《地表水环境质量标准》（GB 3838—2002），分析项目包括：水温、pH、溶解氧、高锰酸盐指数、化学需氧量、生化需氧量、氨氮、总氮、总磷、铜、锌、氟化物、硒、砷、汞、镉、铬、铅、氰化物、挥发酚、石油类、阴离子表面活性剂、硫化物、粪大肠菌群 24 项指标，以及透明度、叶绿素 a 等。

监测结果显示，2015 年于桥水库总体为Ⅳ类水质，总磷、化学需氧量和总氮是主要污染物，其余各监测指标均符合或优于地表水Ⅲ类水质标准。总磷年均值 0.08 mg/L，超过湖库地表水Ⅲ类标准 0.6 倍，全年监测的浓度范围值在 0.03～0.11 mg/L，样本超标率为 62.5%，最大值出现在 10 月，超过湖库地表水Ⅲ类标准 1.2 倍。化学需氧量的年均值为 22 mg/L，超过地表水Ⅲ类标准 0.1 倍，全年监测的浓度范围值在 16～29 mg/L，样本超标率为 50%，最大值出现在 7 月，超过湖库地表水Ⅲ类标准 0.5 倍。总氮年均值 1.24 mg/L，超过湖库地表水Ⅲ类标准 0.2 倍，全年监测的浓度范围值在 0.64～2.40 mg/L，样本超标率为 37.5%，最大值出现在 4 月，超过湖库地表水Ⅲ类标准 1.4 倍，具体见图 2-4。

2. 富营养化评价

参照《地表水环境质量评价办法（试行）》，采用综合营养状态指数（TLI）对于桥水库的富营养水平进行评价。2015 年于桥水库综合营养状态指数为 53.8，处于轻度富营养水平。于桥水库综合营养状态具有明显的季节特征，汛期营养水平高于非汛期，6—10 月综合营养状态指数均大于 50，最高值为 6 月的 57.2，处于轻度富营养状态。其他月份均处于中营养状态（图 2-5）。

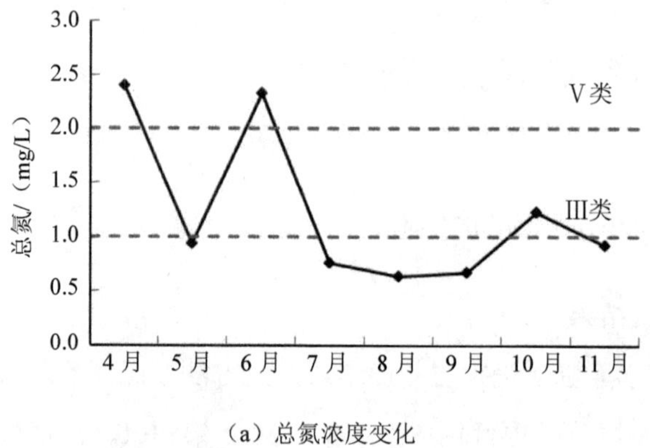

（a）总氮浓度变化

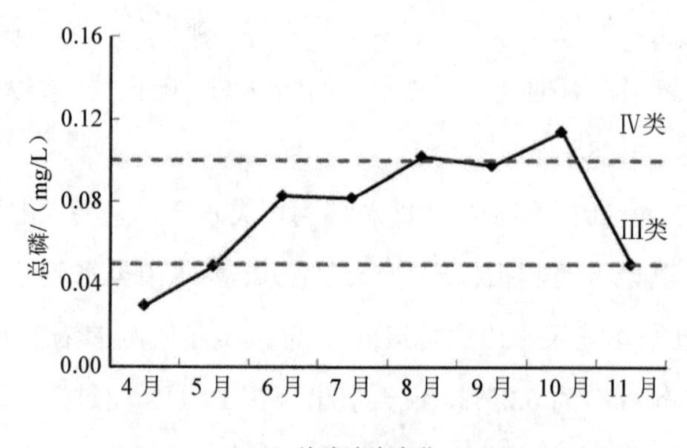

（b）总磷浓度变化

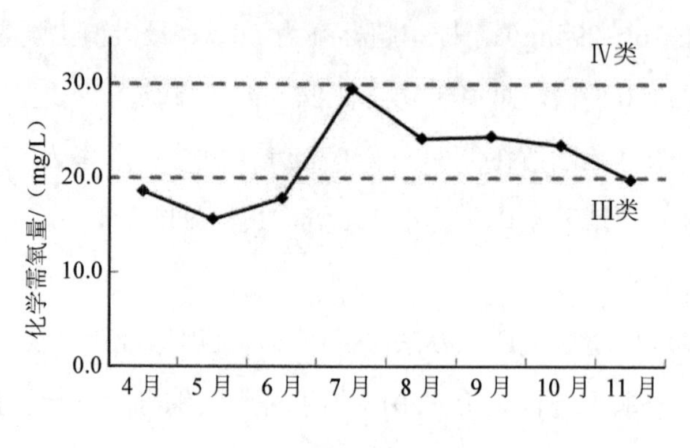

（c）化学需氧量变化

图 2-4　2015 年库中心水质变化

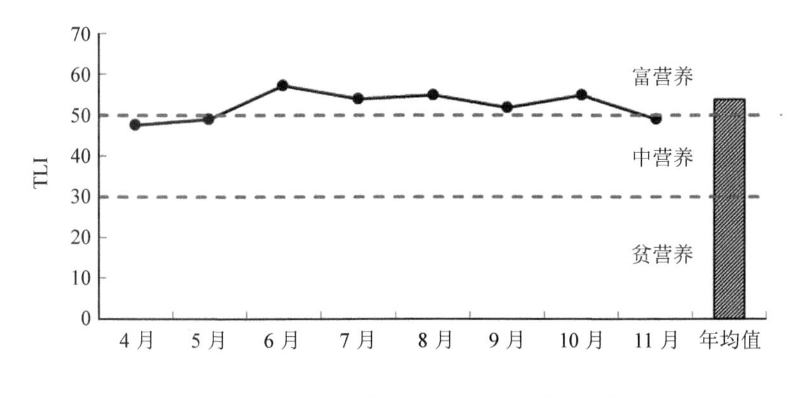

图 2-5　2015 年于桥水库综合营养状态指数

2.2.2　于桥水库水质变化趋势

1．于桥水库水质变化趋势

对 2006—2015 年于桥水库的监测结果进行分析，结果显示，2006—2015 年，于桥水库库区水质除总氮、总磷和化学需氧量指标外，其余各监测指标均符合或优于地表水III类水质标准。

总氮是影响于桥水库水环境质量的主要污染指标，2006—2015 年总氮的年均值均未达到III类水质，其中 2012—2014 年为劣V类水质。总磷和化学需氧量的年均值除 2015 年为IV类水质外，其余年均值均达到了地表水III类水质标准。

2006—2015 年，于桥水库总氮多年均值为 2.05 mg/L，超过地表水III类标准 1.1 倍，总体呈现先上升后下降的趋势。总氮浓度的变化总体分为三个阶段：第一阶段是 2006—2011 年，总氮浓度总体平稳，浓度未超过地表水V类水质标准；第二阶段为 2012—2013 年，总氮浓度显著上升，最高为 2013 年的 3.56 mg/L；第三阶段为 2014—2015 年，总氮浓度显著下降，2015 年降为 1.24 mg/L，但仍超过地表水III类水质标准的 0.2 倍（图 2-6）。

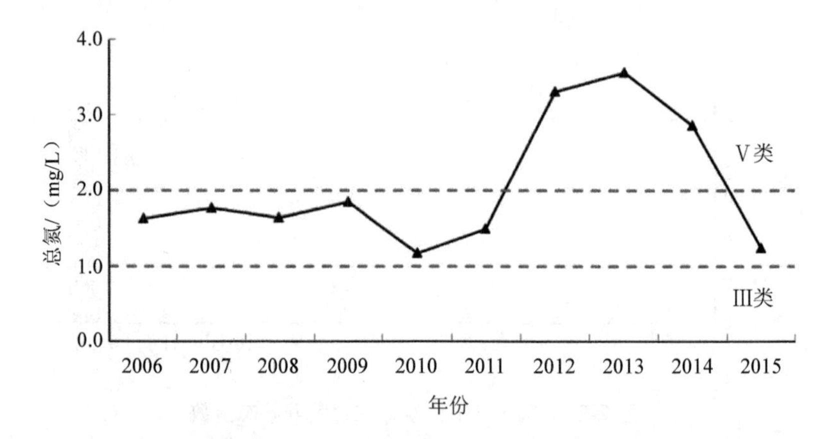

图 2-6 于桥水库总氮年均值变化趋势

2006—2015 年，于桥水库总磷浓度为 0.02～0.08 mg/L，2006—2014 年总磷均符合地表水III类水质标准，但个别月份存在超标现象。2015 年总磷突然上升至 0.08 mg/L，超过地表水III类水质标准 0.6 倍，同时该年于桥水库多次爆发蓝藻水华（图 2-7）。

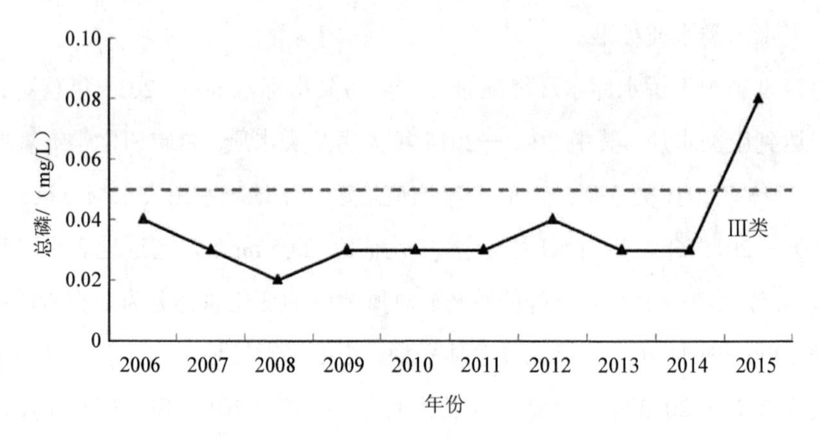

图 2-7 于桥水库总磷年均值变化趋势

2．于桥水库富营养化程度变化趋势

2006—2015 年，于桥水库营养状态指数为 46.2～53.8，总体呈波动性增加趋势。于桥水库水体富营养化的发展分为两个阶段：第一阶段是 2006—2011 年，TLI 值基本处于 45～50，为中营养水平；第二阶段是 2011—2015 年，受入库河流水质下降的影响，TLI 值上升，2015 年达到 54.3，处于富营养化状态。从多年营养状态指数来看，于桥水库的富营养化水平呈上升趋势（图 2-8）。

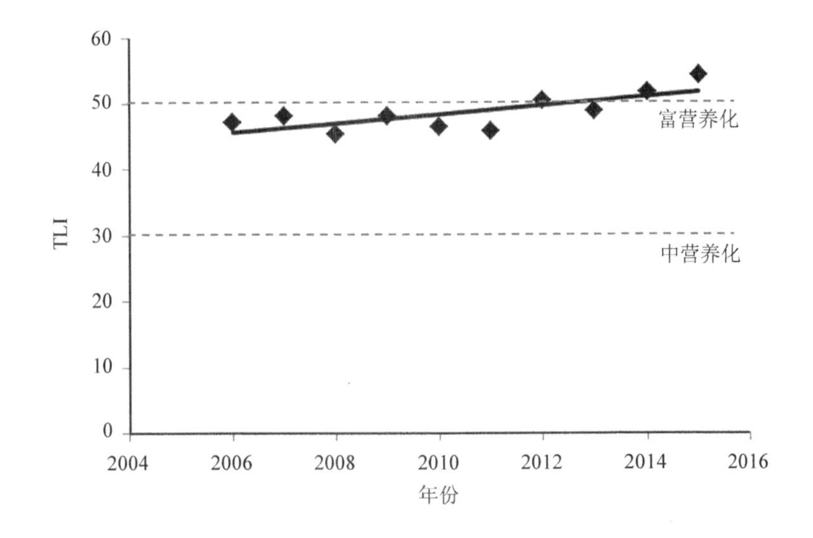

图 2-8　于桥水库综合营养状态指数变化趋势

2.2.3　于桥水库水生生物调查与评价

水生生物指标与水质、底质各项指标综合分析，能更全面、准确地以生态学观点评价湖泊水环境的富营养化水平及其发展趋势。于桥水库水生生物调查的内容主要包括浮游植物和浮游动物，调查项目包括种属、优势种和丰度等重要指标。

于桥水库共设置 5 个采样点位（图 2-9），分别为三岔口、九百户、东马坊、库中心和于桥坝下（Site1—Site5）。采样时间为 2015 年 5 月（春季）、8 月（夏季）和 10 月（秋季）。

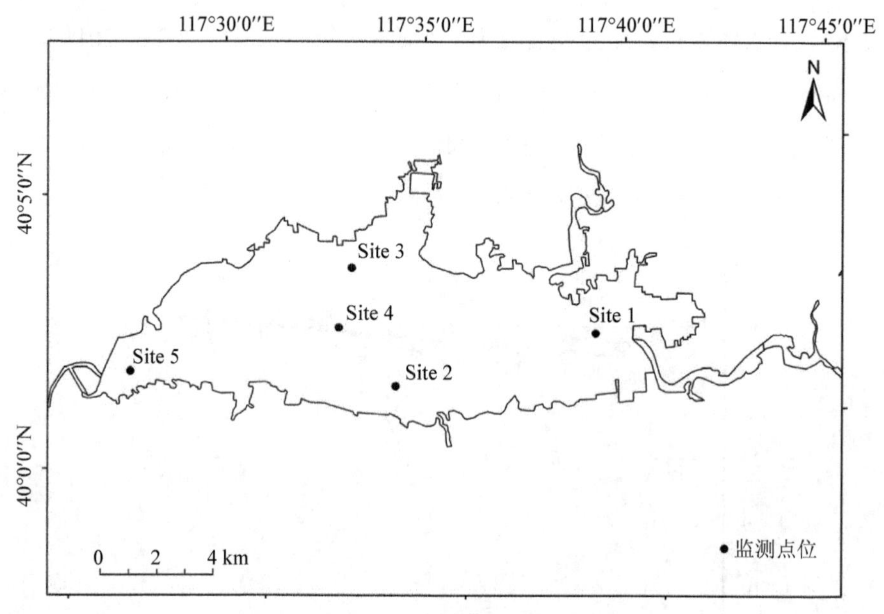

图 2-9 于桥水库监测点位

1. 浮游植物

浮游植物数量及群落结构是反映湖泊状况的重要指标，浮游植物生长周期短、对环境变化敏感，其生物量及种群变化能很好地反映湖泊现状与变化。浮游植物调查包括定性（种类组成）和定量（数量、生物量）的调查，根据调查数据，计算得到浮游植物多样性指数（香农-威纳指数）、均匀性指数、丰富度指数。

2015 年在于桥水库调查监测到的浮游植物共计 6 门 110 种，绿藻、硅藻种数最多，其中绿藻门 62 种，占 56.4%；硅藻门 23 种，占 20.9%；蓝藻门 13 种，占 11.8%；裸藻门和甲藻门均为 5 种，占 4.5%；隐藻门 2 种，占 1.8%（图 2-10）。从浮游植物种类的季节特征来看，5 月、8 月、10 月浮游植物种数总数差异明显，分别为 79 种、26 种和 65 种，8 月种数明显较少，较为单一。

各季节藻类种属构成也具有一定差异。其中，5 月绿藻种数最多，所占比例达 64.6%；8 月以绿藻、蓝藻种数为主，分别占 42.3%和 23.1%；10 月以绿藻、硅藻为主，分别占 52.3%和 24.6%。

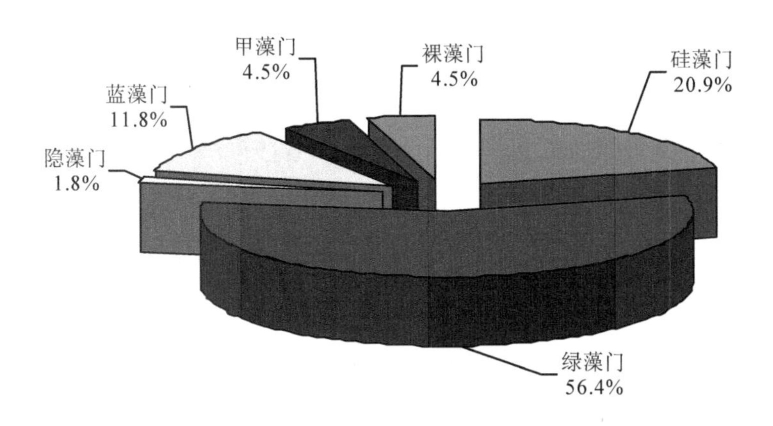

图 2-10　2015 年于桥水库浮游植物种类组成

2. 丰度

2015 年浮游植物丰度点位年均值为 8 596.1×10^4 cell/L，以蓝藻、绿藻为主，蓝藻丰度为 2 029.2×10^4 cell/L，占藻类总数的 23.6%；绿藻丰度为 5 690.6×10^4 cell/L，占藻类总数的 66.2%。各月份浮游植物丰度由大到小排序依次为 5 月>10 月>8 月，其中 8 月蓝藻丰度为 3 310.1×10^4 cell/L，占藻类总数的 74.5%，于桥水库暴发了蓝藻水华（图 2-11）。

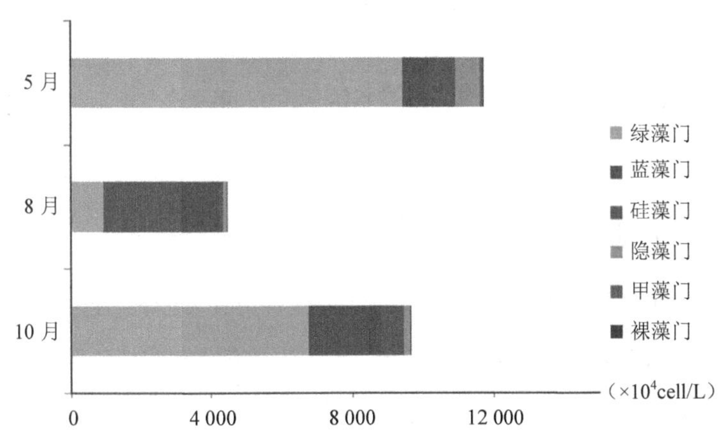

图 2-11　2015 年于桥水库浮游植物丰度结构

3. 多样性指数

目前淡水湖泊均采用香农-韦弗（Shannon-Weaver）多样性指数来评价污染程度，标准为：$H\geqslant3.0$ 为清洁水域；$2.0\leqslant H<3.0$ 为轻污染；$1.0\leqslant H<2.0$ 为中度污染；$H<1.0$ 为重污染。

不同月份和点位的浮游植物多样性指数如图 2-12 所示。其中 8 月的多样性指数明显低于 5 月和 10 月，这与丰水期蓝藻的优势明显，抑制了其他藻类生长有关，8 月多样性指数显示水体为中度-轻度污染水平，且显示上游三岔口和库周的东马坊、九百户水体丰富度指数低于库中心和坝下，表明 8 月上游和库周的富营养化水平高于库中心。从 5 月和 10 月的丰富度指数来看，水体总体处于清洁状态。

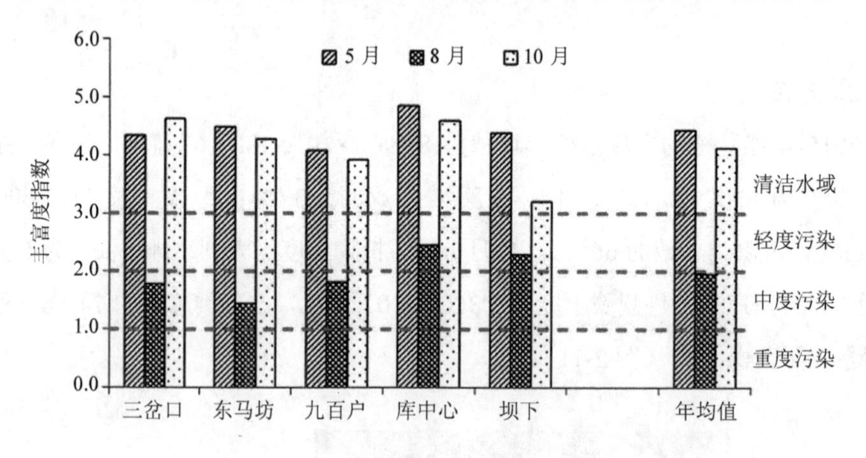

图 2-12　2015 年于桥水库浮游植物丰富度指数

2.2.4　于桥水库水生生物变化趋势

2013 年，在于桥水库调查监测到的浮游植物共计 94 种，全年以绿藻、硅藻、蓝藻为主，与 2015 年调查结果相似。2013 年，浮游植物丰度点位年均值为 191.78×10^4 cell/L。2015 年，浮游植物丰度点位年均值达到 $8\,596.1\times10^4$ cell/L，浮游植物丰度明显升高，可能与 2013—2015 年于桥水库富营养化程度持续升高有关。2015 年夏季蓝藻的丰度和优势度明显高于 2013 年。此时，于桥水库蓝藻水华的暴发风

险增大（图 2-13）。

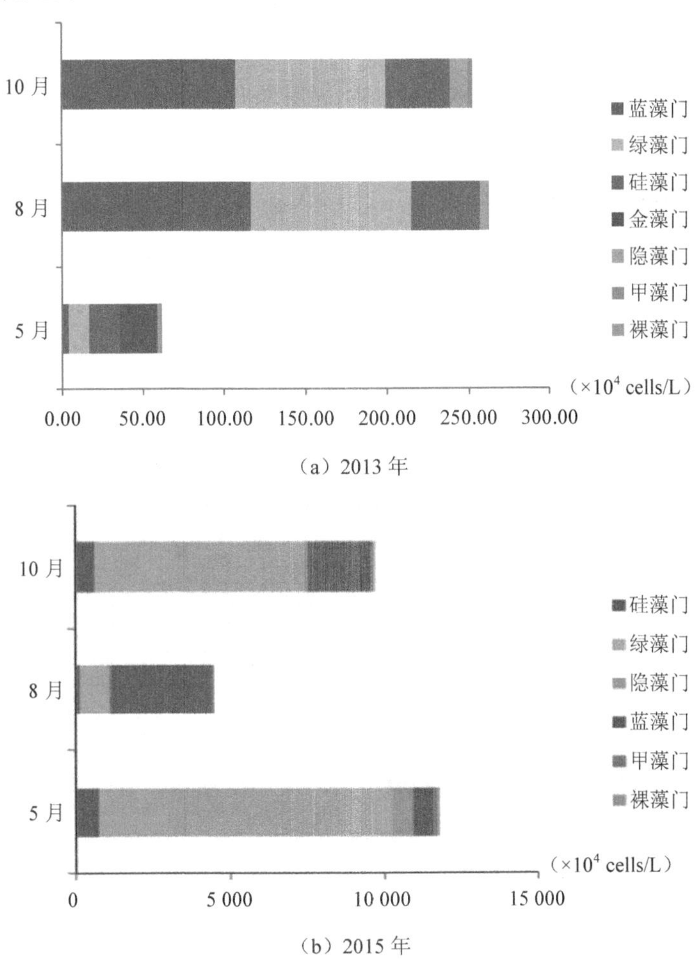

（a）2013 年

（b）2015 年

图 2-13　2013 年和 2015 年于桥水库浮游植物丰度结构

2.3　于桥水库的沉积物

1．沉积物中氮、磷含量

对于桥水库沉积物进行采样调查。结果显示于桥水库的底泥中全氮和全磷的均值分别为 815 mg/kg 和 588 mg/kg。积累在底泥表层的氮、磷营养物质，一方面可被微生物直接摄入，进入食物链，参与水生生态系统的循环；另一方面可在一定的物理化学及环境条件下，从底泥中释放出来而重新进入水中，从而形成湖内污染负荷。

2. 沉积物中重金属含量

外源输入的重金属可能在沉积物中蓄积，是饮用水的另一潜在威胁。于桥水库底泥中重金属的平均浓度值见表 2-9。淡水湖泊沉积物没有环境质量标准，因此根据土壤环境质量标准分级进行定性评价，结果显示所有重金属均符合土壤环境质量二级标准要求。

表 2-9 于桥水库底泥重金属含量

重金属种类	汞	砷	铅	镉	铜	锌	铬
平均浓度/（mg/kg）	0.13	20.2	30.5	0.22	41.9	97.0	100.5
土壤环境质量二级标准	0.50	25	300	0.30	100	250	300

2.4 于桥水库污染负荷分析

除引滦过程中引入的营养盐和污染物外，流域范围内同时存在点源污染和面源污染。

于桥水库流域点源主要存在于入库河流两岸和库周地区。为了保护天津市饮用水源安全，河北省对入库河流沿岸的工业企业开展了整治，关闭了多家对河流水质影响较大的选矿厂。天津市对于桥水库周边的企业开展了多年整治，大部分企业达到工业废水零排放标准。目前于桥水库保护区内仅存 7 家工业点源，包括 3 家屠宰厂、3 家食品加工企业和 1 家五金工具有限公司，企业普遍规模较小。7 家工业点源中仅有 2 家生猪屠宰厂有涉水污染物排放，经过三格化粪池处理后达到农灌标准后，排入周边的坑塘、鱼塘。经计算，年排放 COD 约 82.86 kg，排放总氮约 1.50 kg。

于桥水库的面源污染主要包括土壤侵蚀、农业种植、畜禽养殖和农村生活四大类污染源，除此之外，还包括农村坑塘和直接沉降到库区水面的大气干湿沉降携带的氮、磷污染，是流域内氮、磷的主要来源。

由于于桥水库主要的超标因子是过量的营养盐（总氮、总磷），而这些营养盐主要来源于面源和库周点源，因此本书将利用 PLOAD 模型对这两种源产生的营养盐负荷展开分析。

2.4.1　于桥水库子流域分区

为实现流域的分区分级管理，使用 90 m×90 m 的 DEM 图和 ArcHydro 模型，划分子流域如图 2-14 所示。通过 ArcGIS 手段，将库周合并为一个子流域，即 33 号子流域，将库区水面作为一个子流域，即 44#子流域。其中，位于天津市蓟州区境内的子流域大概包括 33#、38#、40#、44#。

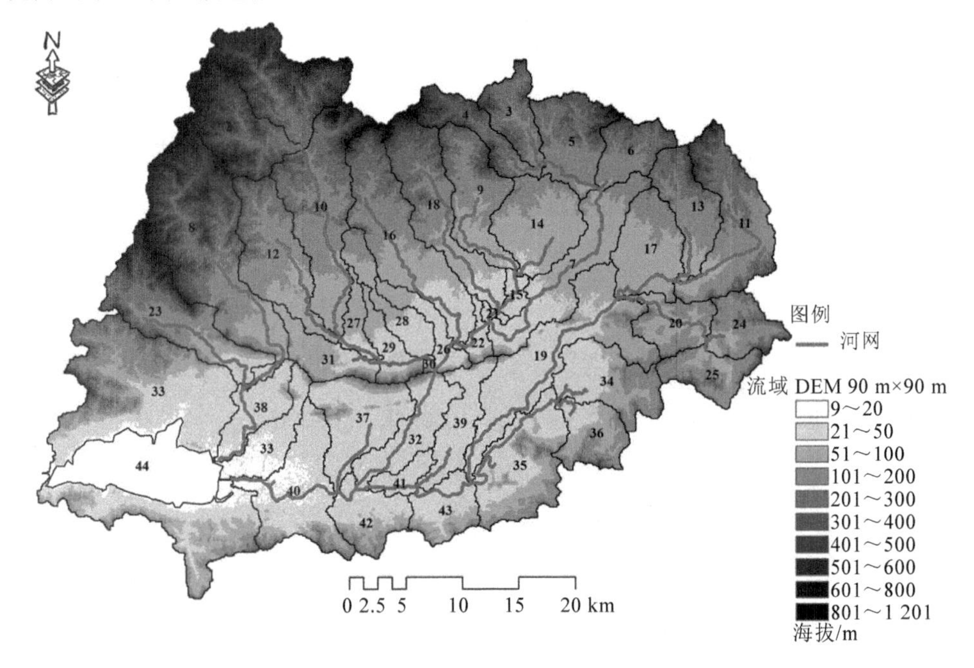

图 2-14　于桥水库流域 DEM 图

2.4.2 PLOAD 模型简介

PLOAD 模型是由美国 CH2MHILL 水资源工程小组开发的基于 GIS 的流域非点源污染负荷模型，主要在年尺度上分析流域非点源的负荷量情况。PLOAD 计算方法简单，易于理解，模型操作简便，而且计算结果可视化效果好，可用于城市用地、农业用地和未开发地的非点源污染预测和管理。PLOAD 模型所需的数据分为 GIS 数据（包括流域边界数据和土地利用类型数据）和表格形式的数据，输入的数据以文件的形式传递给模型进行计算。PLOAD 能够计算各种污染物的负荷，包括总悬浮物（TSS）、溶解性总固体（TDS）、化学需氧量（COD）、生化需氧量（BOD）、氮和磷等，计算负荷量时以不同土地利用类型进行分类统计计算。PLOAD 对流域的年污染负荷计算有 2 种方法：输出系数法和简易法。本书选择简易法，其计算公式如下（英制单位）：

$$L_P = \sum_{\mathrm{U}} (P \times P_J \times R_{\mathrm{VU}} \times C_{\mathrm{U}} \times A_{\mathrm{U}} \times 2.72 / 12)$$

$$R_{\mathrm{VU}} = 0.050 + (0.009 \times I_{\mathrm{U}})$$

式中，L_P 为污染负荷（lbs）；P 为降雨量（inches/year）；P_J 为降雨产流率，默认取 0.9；R_{VU} 为土地利用类型 U 的地表径流系数；I_{U} 为下垫面不透水率（%）；C_{U} 为土地利用类型 U 下的污染物产出平均浓度（mg/L）；A_{U} 为土地利用类型为 U 的土地面积（acres）。

径流系数 R_{VU} 是指降雨产生的径流量与降雨量之比。径流系数与雨强、土壤性质、土壤含水量、地表覆盖等因素有着重要的关系，其中的下垫面因素可以综合为流域下垫面的不透水率 I_{U}（%）。I_{U} 取值结果见表 2-11。

$$\%AS_{\mathrm{BMP}} = AS_{\mathrm{BMP}} / AB$$

$$L_{BMP} = (L_P \times \%AS_{\mathrm{BMP}}) \times [1 - \%EFF_{\mathrm{BMP}} / 100]$$

$$L = \sum_{\mathrm{BMP}} L_{\mathrm{BMP}} + L_P \times \left[\left(A_B - \sum_{AS} AS_{\mathrm{BMP}} \right) / A_B \right]$$

$$\%EFF = (L_P - L) / L_P$$

式中，$\%AS_{BMP}$ 为某种 BMP 服务面积的百分比（%）；AS_{BMP} 为某种 BMP 的服务面积（acres）；A_B 为流域的面积（acres）；L_{BMP} 为某区域实施 BMP 措施后剩余的污染物负荷（lbs）；L_P 为实施 BMP 前流域总的污染物负荷（lbs）；$\%EFF_{BMP}$ 为某种 BMP 的去除效率（%）；L 为实施 BMP 后总的污染物负荷（lbs）；$\%EFF$ 为实施全部 BMP 措施后最终某种污染物的去除效率。

2.4.3 PLOAD 模型计算于桥水库流域污染负荷分析

PLOAD 模型的输入数据包括 GIS 数据和表格数据两类。GIS 数据主要包括流域边界及子流域分区图、土地利用图、BMP 空间图，格式为 ESRI Arc/Info coverages 或者 ArcView shapefiles；表格数据包括不同土地利用类型的污染物输出系数（或者流失浓度）、不透水率表，不同 BMP 类型的污染物去除效率表等，格式为 Excel、text、dBASE 或者 INFO 数据库表。

2010 年于桥水库流域的土地利用如图 2-15 所示，流域土地利用面积统计

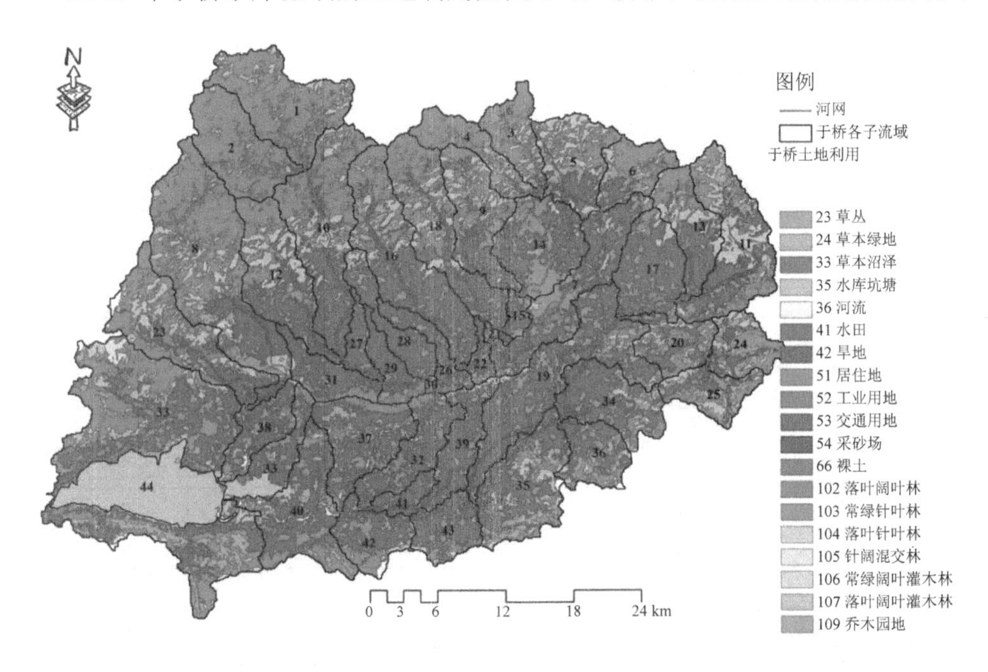

图 2-15　于桥流域流域边界及土地利用（2010 年）

结果见表 2-10。该流域总面积为 2 097 km^2，耕地面积所占比例最高，为 38.23%，然后是有林地（27.59%）、灌木林（10.59%）、居民点建设用地（10.21%）、水域（5.31%）、草地（4.87%）和园地（3.20%）。

表 2-10 流域内不同土地利用类型面积及其百分比

	草地	水域	耕地	建设用地	有林地	灌木林	园地	总计
面积/km^2	102.21	111.38	801.75	214.21	578.57	222.01	67.07	2 097.21
百分比/%	4.87	5.31	38.23	10.21	27.59	10.59	3.20	100.00

不同土地利用类型输出系数及不透水率：

PLOAD 模型的输出负荷表包括平均输出浓度（the event mean concentration，EMC）和输出系数（the export coefficient，EC）两类。本书采用的是前者，也就是 EMC 的方法。根据于桥水库风险源调查研究报告的不同土地利用类型污染物输出浓度，以及一些学者在该流域的研究成果，确定的 EMC 结果见表 2-11。不透水率数据采用模型默认值。

表 2-11 不同土地利用类型的污染物 EMC 和不透水率 I_U

代码	土地利用类型	TN/（mg/L）	TP/（mg/L）	不透水率 I_U/%
23	草丛	4.89	0.22	2
24	草本绿地	4.89	0.22	2
33	草本沼泽	2.1	0.01	100
35	水库坑塘	2.1	0.01	100
36	河流	2.1	0.01	100
41	水田	10.91	0.76	10
42	旱地	10.91	0.76	2
51	居住地	17.13	1.77	85
52	交通用地	17.13	1.77	85
53	工业用地	17.13	1.77	85
54	采矿场	17.13	1.77	85
66	裸土	17.13	1.77	2

代码	土地利用类型	TN/（mg/L）	TP/（mg/L）	不透水率 I_U /%
67	沙漠沙地	17.13	1.77	2
102	落叶阔叶林	4.89	0.22	2
103	常绿针叶林	4.89	0.22	2
104	落叶针叶林	4.89	0.22	2
105	针阔混交林	4.89	0.22	2
106	常绿阔叶灌木林	8.69	0.42	2
107	落叶阔叶灌木林	8.69	0.42	2
109	乔木园地	8.69	0.42	2

注：为了方便 BMP 研究，人口和畜禽养殖粪便排放到居民用地上，化肥施用排放到耕地上。

核算结果显示于桥水库周边点源和流域面源污染每年产生总氮和总磷负荷分别为 223.4 t 和 19.5 t，且负荷较高的地方集中在入库河流周边区域和库周区域。因此，这些区域是控制营养盐排放的重中之重（图 2-16）。

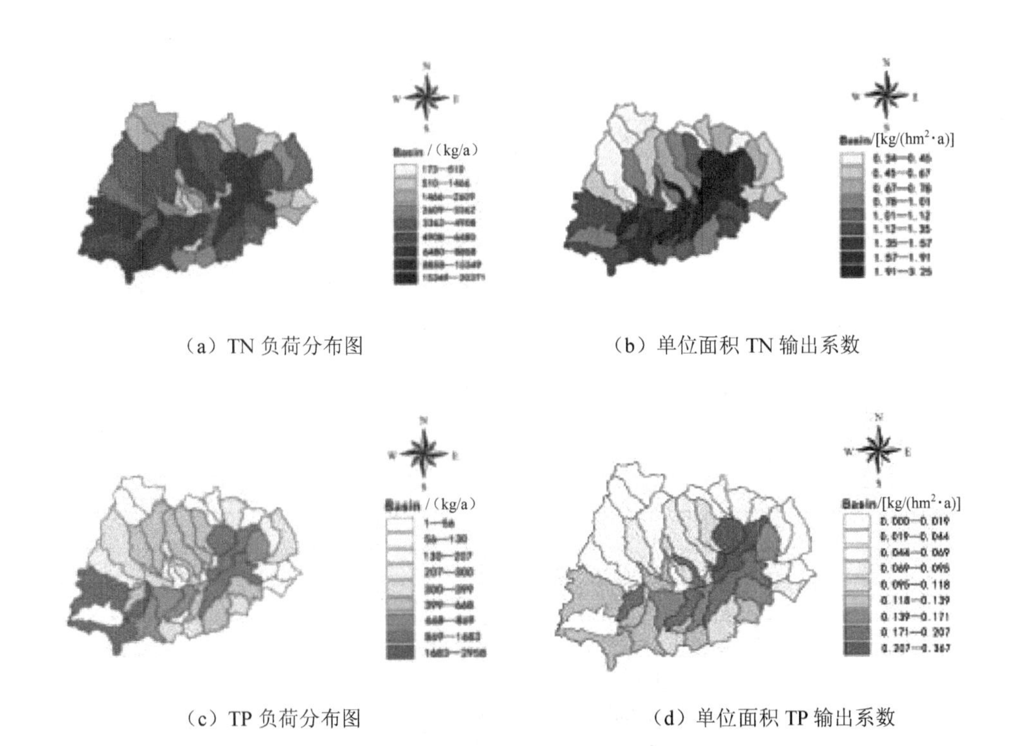

（a）TN 负荷分布图　（b）单位面积 TN 输出系数

（c）TP 负荷分布图　（d）单位面积 TP 输出系数

图 2-16　于桥水库流域 TN 和 TP 的输出情况

2.4.4 于桥水库流域营养盐入库量估算

前文基于PLOAD模型估算了于桥水库各个子流域的TN和TP输出量，然后每个子流域产生的污染物并不是全部直接进入水库中，还存在河道衰减过程。将每个子流域污染物通过河道进入水库的过程看作是河道一级衰减过程，用如下一级衰减方程表示：

$$\mu_i=\mu_{i0}\cdot\exp(-kL_i)$$

式中，μ_i为子流域i的污染物入库量；μ_{i0}为子流域i的污染物输出量；L_i为子流域i主河道距离入库口的距离（km）；k为河流衰减系数（km^{-1}）。

根据河网拓扑关系计算出各个子流域主河道与入库口的距离L_i；根据PLOAD模型的输出获得子流域i的污染物输出量μ_{i0}；根据Christopher Wellen等利用SPARROW模型的研究成果，认为TN和TP的河流衰减系数与河道流量有关，流量越小其衰减值越大，其中TP的河流衰减系数校准结果为0～0.2 km^{-1}。对于本项目研究区域，于桥水库流域河道流量较小，在此取中值0.1 km^{-1}同时作为TN和TP的河流衰减系数进行模拟计算；认为库周33#和水库水面44#子流域直接入库，即衰减系数为0。计算结果见表2-12。

表2-12 于桥水库流域TN和TP入库估算

子流域编号	子流域输出量/（kg/a）		子流域入库量/（kg/a）		入库河道长度/km
	TN	TP	TN	TP	
1	2 167.1	143.6	1.73	0.11	71.3
2	1 912.9	137.5	1.85	0.13	69.4
3	1 457.2	117.4	1.59	0.13	68.2
4	1 072.9	73.8	0.90	0.06	70.9
5	3 358.6	272.8	4.00	0.32	67.3
6	1 139.9	81.9	2.30	0.17	62.0
7	14 695.9	1 441.1	33.1	3.24	61.0
8	5 542.7	392.2	595.3	42.1	22.3
9	5 669.4	526.8	22.3	2.07	55.4
10	5 723.6	471.2	11.4	0.94	62.2

子流域编号	子流域输出量/（kg/a）		子流域入库量/（kg/a）		入库河道长度/km
	TN	TP	TN	TP	
11	4 421.8	361.0	3.67	0.30	70.9
12	5 985.4	539.6	28.9	2.60	53.3
13	2 896.2	247.2	4.06	0.35	65.7
14	11 857.4	1 173.3	96.9	9.59	48.1
15	2 314.3	232.6	27.0	2.72	44.5
16	6 786.2	596.7	45.8	4.02	50.0
17	6 502.6	614.6	14.4	1.36	61.1
18	6 270.9	569.6	26.6	2.42	54.6
19	15 420.4	1 479.7	5 922.5	568.3	9.57
20	2 009.9	169.6	2.98	0.25	65.1
21	511.9	49.6	9.20	0.89	40.2
22	899.9	81.9	19.9	1.81	38.1
23	3 904.7	313.2	117.9	9.45	35.0
24	1 427.7	111.2	2.08	0.16	65.3
25	2 271.9	200.5	2.97	0.26	66.4
26	2 987.0	286.6	107.0	10.3	33.3
27	1 382.2	126.8	23.1	2.12	40.9
28	2 611.3	235.1	107.4	9.67	31.9
29	1 343.6	112.9	35.0	2.94	36.5
30	173.5	16.4	7.37	0.70	31.6
31	3 170.7	295.6	81.1	7.56	36.7
32	6 936.1	663.9	344.8	33.0	30.0
33	30 559.4	2 695.4	30 559.4	2 695.4	0.00
34	6 259.4	591.9	140.5	13.3	38.0
35	6 389.9	574.3	29.3	2.63	53.9
36	3 811.1	359.9	47.4	4.48	43.9
37	7 563.2	701.3	961.6	89.2	20.6
38	4 942.3	455.0	54.9	5.06	45.0
39	4 878.2	464.0	70.0	6.66	42.4
40	8 923.4	775.4	2 381.3	206.9	13.2
41	1 414.0	130.5	167.4	15.5	21.3
42	3 363.1	301.7	691.5	62.0	15.8
43	3 171.2	288.9	176.7	16.1	28.9
44	7 301.9	35.8	7 301.9	35.8	0.00
汇总	223 402.8	19 510.1	50 286.9	3 873.1	—

经计算，于桥水库流域 TN 输出量为 223.4 t/a，入库量为 50.3 t/a；TP 输出量为 19.5 t/a，入库量为 3.87 t/a。

对子流域的总氮、总磷贡献率分析发现，于桥水库库周流域的贡献率最大，总氮和总磷的贡献率分别为 79.85%和 75.68%（表 2-13）。

表 2-13 于桥水库子流域 TN 和 TP 入库贡献率

子流域名称	子流域入库量/（kg/a）		子流域污染占比/%	
	TN	TP	TN	TP
库周	40 242.6	2 938.1	79.85	75.68
淋河	768.1	56.61	1.52	1.46
沙河	2 000.84	186.71	4.20	5.05
黎河	7 275.46	691.65	14.43	17.81
总量	50 287	3 873.07	100.00	100.00

2.4.5 潘家口—大黑汀水库调水营养盐负荷量估算

为保障天津市饮用水供应，于桥水库每年通过引滦河道从潘家口—大黑汀水库引水。根据《2015 年天津市水资源公报》，于桥水库 2015 年引滦水量 4.513 亿 m^3，引滦水平均总氮和总磷浓度分别为 3.48 mg/L 和 0.223 mg/L（引滦出口水浓度）。因此，引滦过程中引入的总氮和总磷量分别为 1 570.5 t/a 和 100.6 t/a，高于于桥水库流域 223.4 t/a 和 19.5 t/a 的总负荷量。虽然隧洞出口到入库距离超过 70 km，在引滦水入库过程中经过自然净化可以部分降低引滦水的入库总氮、总磷污染负荷，但高浓度的总氮、总磷降低了于桥周边区域总氮、总磷的氮磷消解浓度。因此，削减引滦水的氮、磷对于桥水库富营养化的控制有积极的作用。

1. 水质模型建立

结合引滦水系和水文情势特点，河流水体纵向流动明显，污染物在较短时间内就能在河段横断面上混合均匀，因此采用生态环境部环境规划院所推荐的一维稳态水质模型进行计算。具体过程采用水环境容量的正向计算方法，即在设计条件下，以污染源位置、排污量作为模型的输入条件，得到水体水质的输出结果，通过试算调节概化排污口的排污量之和，计算各容量计算单元在功能区达标控制调节下的排污总量，作为核定的水环境容量值。

在采用该模型时，假设河道沿程过程中河道宽度变化不大、排放进入河道的污染物完全混合距离远远小于河道长度。

河流污染物一维稳态衰减微分方程的形式如下：

$$C = C_0 \cdot e^{-Kx/u}$$

式中：u 为河流断面平均流速（m/s）；x 为沿程距离（km）；K 为综合降解系数（1/d）；C 为沿程污染物浓度（mg/L）；C_0 为前一个节点后污染物浓度（mg/L）。

2．于桥水库营养盐入库量分析

引滦工程隧洞设计最大流量为 75 m^3/s，隧洞出口底宽 7 m，流速为 5 m/s。由于引滦工程流速与上游放水速度有关，本书采用最大流速作为引滦隧洞的流速。引滦隧洞出口到遵化黎河桥距离约 20 km，隧洞出口到入库大约 74 km，因此引滦入库总氮、总磷负荷为 1.25 t/a、0.08 t/a。

从计算结果可知，尽管引滦给水中氮磷的总负荷量超出了整个于桥水库流域的负荷量，但由于传输距离较远，因此实际对入库营养盐总量的影响仅为 2%左右。从计算结果可知，于桥水库水环境保护核心是要控制流域范围内的污染排放，而控制库周的污染，尤其是面源污染是改善水环境的重中之重。

2.5　于桥水库流域生态补偿的必要性

饮用水水源安全是直接关系社会稳定和人民群众身体健康的大事。党中央、国务院高度重视饮用水水源地的保护工作，通过颁布法律法规，发布水源地保护规划、监测及评价技术等规范性文件，加强饮用水水源地的保护工作。“十三五”以来，国务院又陆续出台了《水质较好湖泊生态环境保护总体规划（2013—2020 年）》《水污染防治行动计划》等一系列政策举措，进一步落实了地方政府的保护目标和考核责任。

作为天津市重要的饮用水水源地，于桥水库水环境质量受到政府部门高度重视。天津市划定了于桥水库水源地保护区，投资24亿元实施引滦水源保护工程，并加强了库区及周边地区的监督管理，查处并取缔了多家在保护区范围内的企业，河北省也关闭了入库河流上游多家选矿厂。由点源引起的于桥水库水污染问题逐步得到控制，但于桥水库水质仍在不断恶化。一方面，监测数据显示近年来水库逐渐从中营养化转变为富营养化，2015年于桥水库全年水质级别达到地表水环境Ⅳ类标准，已无法满足饮用水质量要求；汛期于桥水库出现蓝藻暴发现象，藻密度最高达到1.68亿个/L，总磷、COD分别超标1.4倍和0.4倍。2016年6月中旬，于桥水库蓝藻异常增殖，水质迅速恶化，水质类别降至Ⅴ类；坝前区域藻密度达1.48亿个/L，优势种群为鱼腥藻，占90%。由于鱼腥藻释放大量土嗅素，水体异味严重，自来水厂处理非常困难，蓝藻暴发应急Ⅲ级和Ⅱ级预警接连启动，并暂停于桥水库供水。另一方面，于桥水库流域外源输入营养盐居高不下，每年会有大量的氮、磷持续输入湖库，湖库的富营养化程度将进一步提高。

PLOAD模型预测结果显示，于桥水库流域范围内非点源污染产生的氮、磷等营养物质过量输入导致的富营养化问题已经成为于桥水库水环境恶化的主要原因。产生污染的原因包括土壤侵蚀、农业种植、畜禽养殖、农村生活和大气沉降等。面源污染分布区域范围较广，涉及的行政区域较多，采用单纯行政管控的手段很难形成合力，实现流域水环境的改善。流域补偿这一经济手段可以有效地控制面源污染，通过补偿提升上游和流域种植、养殖业的水环境保护积极性，提高水资源利用率，减少水环境污染排放，从而改善下游水环境质量，协调上下游用水矛盾。流域生态补偿可以实现在流域尺度内科学决策，在行政区划尺度高效管理，能够保证流域总量控制的科学性和可操作性，是流域点源污染控制的有效补充，对协调整个流域共同保障于桥水库水环境安全具有重要意义。

第3章　于桥水库流域生态补偿机制研究

为保障于桥水库流域生态补偿的顺利进行，需建立完备的生态补偿机制。

3.1　建立于桥水库流域生态补偿机制的重要意义

流域生态补偿机制，可以有效调整相关利益各方生态及其经济利益的分配关系，对促进生态和环境保护，促进城乡间、地区间和群体间的公平性和社会的协调发展具有积极的意义，因而建立生态补偿机制已成为社会各界广泛关注的热点问题。但在实践过程中，流域生态补偿方面还存在着结构性的政策缺位，特别是相关流域生态补偿政策严重短缺。目前，政府机关和环保部门已开展了相关的研究工作，尝试建立流域补偿的相关政策和机制；学术领域也开展了补偿方法和补偿资金分配方面的相关研究，为生态补偿机制的建立和政策设计提供了一定的理论依据。

由于流域生态补偿问题牵扯许多部门和地区，因此需建立一个具有战略性、全局性和前瞻性的流域补偿框架，建立相对完善的决策机制、运行机制、资金管理机制和监督机制，切实推动流域生态补偿项目，激励流域产业调整和环境保护。

于桥水库流域生态补偿机制是以保护于桥水库生态环境、促进人与自然和谐发展、实现天津和河北协同发展为目的，根据生态系统服务价值、生态保护成本、发展机会成本，综合运用行政和市场手段，调整流域生态环境保护和建设相关各方之间利益关系的一种制度安排。于桥水库流域生态补偿机制的建立不仅是饮用水水源保护的需要，还是流域经济可持续发展的需要，对解决于桥水库流域保护中利益错配和解决下游社会矛盾意义重大。

3.2 于桥水库流域生态补偿机制的基本原则

生态补偿机制在经济理论上就是实行生态保护经济的外部性的内部化，让生态建设和生态保护者能享受到其成果带来的经济利益，并让生态保护成果的受益者支付相应的费用，从而通过制度设计实现生态功能这一特殊“公共产品”生产者与使用者、消费者之间的公平性，保障生态功能的投资得到合理回报，激励“生态服务功能”产品的可持续生产，以促进人与自然的和谐。

根据于桥水库水生态环境问题的特征和于桥水源地环境安全的需要，建立生态补偿机制应遵循以生态系统服务功能为科学基础的原则，生态保护者受益的原则，受益者补偿的原则，政府主导、多部门协同、全社会参与的原则，权利与责任对等的原则。

1．以生态系统服务功能为科学基础的原则

生态系统服务功能是指人类直接或间接从生态系统得到的各种利益。于桥水库流域生态系统服务功能主要有饮用水资源供给、水源涵养、土壤保持、生物多样性保护、调节气候、食品供给等。流域生态补偿的目的是保护上述生态系统服务功能赖以存在的流域生态系统，从而实现生态系统服务可持续提供的目标。因此，生态系统提供的服务功能是流域生态补偿机制设计的重要科学依据。

2．生态保护者受益的原则

生态保护者受益的原则也可称为“谁保护，谁受益”原则。由于于桥水库流域保护的最重要目的是保障天津市的饮用水，保护者不能或极少直接从保护中得到经济收益。因此，如果对生态保护者不给予必要的经济补偿，就会出现利益的错配，严重影响流域保护积极性和保护行为，甚至引发水资源的不合理利用，威胁生态安全。解决办法是给予流域环境保护者相应的经济补偿，使流域生态保护不再仅仅是政府的强制性行为和社会的公益事业，还能成为投资和收益相对称的经济行为，能将流域生态保护成果转化为经济效益，鼓励人们更好地保护生态环境。

3. 受益者补偿的原则

受益者补偿的原则也可称为“谁受益，谁付费”原则。生态保护的成果是向社会提供生态服务功能，生态服务功能是一类特殊的公共产品，按照市场经济社会的普遍原则，享受产品和服务的个人和社会应该向该产品和服务的提供者付费。

4. 政府主导、多部门协同、全社会参与的原则

于桥水库流域生态补偿属于跨省生态补偿，涉及两个省多个部门的利益，因此应建立政府主导、环保牵头、多部门协同的生态补偿机制。同时，由于于桥水库生态保护的成果——生态系统服务功能是公共物品，受益者包括河北省和天津市的居民，因此应建立全社会共同参与的流域生态补偿机制。

5. 权利与责任对等的原则

于桥水库流域生态补偿的目的是实现于桥水库流域生态系统的保护，从而提供水资源供给、气候调节、水源涵养等功能。于桥水库水质是衡量生态补偿政策实施效果最重要的方面，因此，在生态补偿政策设计过程中，必须明确受偿者在得到补偿之后生态保护的责任和范围，将权利与义务统一起来，使生态补偿机制切实发挥作用，最终达到生态保护的目的。

3.3 于桥水库流域生态补偿机制的主要内容

于桥水库流域生态补偿机制主要由组织与管理制度，监测、运行与考核制度，公众参与和监督制度组成。

3.3.1 组织与管理制度

组织与管理制度是推动跨省流域生态补偿的重要保障。组织与管理制度的成功构建需要有强有力的组织领导制度和健全的法律法规系统。

1．组织领导制度

组织领导制度在流域生态补偿体系中处于主要地位，不仅是设计其他制度的基础，而且贯穿于其他各制度运行的始终。健全的组织领导制度是有效决策生态补偿的必要条件，其主要任务是：确定决策生态补偿目标，评估和选择生态补偿方案，选择及预测流域补偿效果，并对整个生态补偿过程进行领导、协调和控制。跨省流域生态补偿问题牵扯不同的省份和部门，因此建立健全的组织领导制度对更好地协调各部门之间的工作，实现不同省份和部门之间的资源共享和沟通，对做好流域生态补偿，实现流域上下游经济发展与环境保护的共赢具有积极的作用。

要做好于桥水库流域补偿，实现河北和天津两地的互惠共赢，就要建立由国家或环境管理部门直属领导、两地政府共同参与的决策管理机构。决策管理机构负责流域生态补偿的宣传、补偿项目的申请和立项、补偿方法的选择、补偿资金的筹集等一系列生态补偿项目的决策和准备工作。同时还负责生态补偿的运行监控，在这些管理机构中下设技术咨询部门，为相关技术指导、规划协调管理、仲裁有关纠纷或重大决策提供咨询意见。直属国家或环境管理部门的人员可以快速准确地把握国家的相关政策，对各个省市的流域生态补偿管理机构进行监督、管理和协调，可以提高流域生态补偿各省（区、市）管理部门的工作效率，有效地防止和解决可能产生的纠纷、矛盾。两地管理人员联合组成管理系统有利于同时考虑双方的经济和环境利益，对双方有争议的问题快速沟通，寻求满足双方经济发展和环境发展的补偿方法，共同提高流域生态补偿资金的使用效率。

2．法律法规系统

跨省流域生态补偿的开展，不能只依靠两省际政府的协商，必须依靠顶层设计。生态补偿机制的关键是长期、稳定、有效运行，需要法律法规对流域上游和下游的利益分配关系进行调整，使生态补偿机制在法律法规框架内有序运行。为了使跨省流域生态补偿机制具有长久性，应该通过法律法规将跨省流域生态补偿的具体权利义务以法律的形式固定下来，保证跨省流域生态补偿机制的公平性、长久性、稳定性。

目前，我国政府对现有的国家层面的法律法规及政策没有涉及流域生态补偿的具体操作条款，省际无法遵循共同的原则和法律法规。在缺乏明确法律法规依据的前提下，上下游省份流域水环境保护的权利与义务、补偿与被补偿等关系未能理顺；在上下游省份的利益协调机制缺失的条件下，省与省之间缺乏协商与合作，不能做到“利益共享、责任共担”。

完善生态补偿法律法规迫在眉睫。未来应加快制定生态补偿法，为中国的各项生态补偿的开展奠定良好的法律基础，作为生态补偿重要内容之一的流域生态补偿也将会有专门立法的保护。同时，在对生态补偿进行立法的同时，再制定单独的流域法：鉴于每个流域涉及的省份和地区众多，对整个流域进行立法便于对全流域的生态补偿进行统一的、无差异的保护，促使整个流域的生态补偿问题能够得到较好、较快地解决。此外，应提倡有条件的地区尝试制定地方性生态补偿法律法规，为国家级法律法规标准的制定奠定基础。

3.3.2　监测、运行与考核制度

监测、运行与考核制度是生态补偿项目的重点所在。监测制度是监测活动规范、及时，监测数据准确、有效的重要保障。运行制度包括资金核算制度、资金筹集制度和资金管理制度。运行制度是生态补偿顺利、可持续进行的保障。考核制度是补偿高效性、投资有效性的基础。

1. 监测制度

水质监测是明晰生态补偿对象，确定生态补偿额度的基础。根据于桥水库流域特征，在天津市和河北省的跨界断面选择监测点，进行长期监测。

1）监测断面及采样要求

以河北省和天津市两省市跨界的黎河上的黎河桥、沙河上的沙河桥和淋河上的淋河桥 3 个国控断面作为考核监测断面。建议由中国环境监测总站组织河北省和天津市开展联合监测，或由天津和河北两省市委托有资质的第三方机构进行监测。

河北和天津两省市监测人员须在采样断面同时采集水样，进行相同的前处理，然后分成两份样品，双方各取一份样品进行测试分析。如发生水污染事故，经一方提议，双方应及时进行应急监测。如果自动监测站数据出现明显异常，经一方提议，双方应进行加密监测。

水质采用手工监测，每月一次。两省市监测数据实现共享，按规定时间报送决策管理机构。

2）质量保证

承担监测任务的单位需明确职责，严格执行《地表水和污水监测技术规范》（HJ/T 91—2002）及《环境水质监测质量保证手册（第二版）》的有关要求，对水质监测的全过程进行质量控制和质量保证。监测断面要求执行《地表水和污水监测技术规范》。监测分析方法采用《地表水环境质量标准》（GB 3838—2002）规定的方法。双方应尽可能统一分析方法，如果采用其他监测方法需报中国环境监测总站备案，通过适用性检测并认可后才能使用。

采用的试剂、分析仪器等必须能够满足监测工作的需要，原则上双方采用的监测分析仪器需满足该方案所需的方法检测限和实验精度要求。

河北省和天津市要定期开展质量控制工作，保证监测数据质量。

3）评价方法

手工监测数据采用河北和天津两省市水质监测数据，若数据差异小于 10%时，监测数据取双方的平均值；当一方无监测数据时则采用另一方的监测数据。

若数据差异大于 10%时，则由决策管理机构于当月月底前组织仲裁监测，当月数据认定以仲裁监测的监测结果为准。当两省市对监测数据长期存在争议时，则采用第三方监测方式。

4）保障措施

为确保监测活动科学严谨，决策管理机构将以不定期组织现场抽测和标准品考核相结合的方式进行核查。

为了保证引滦流域生态补偿试点水环境监测工作的顺利开展，河北省和天津市应加强引滦流域各级环境监测站的水环境监测能力建设，适当增加日常监测运行经费。负责跨界考核断面监测任务的监测单位必须具有监测资质，并定期组织人员培训。

2．资金核算制度

由于跨界断面水质随年份和季节变化而有所差异，会影响到流域补偿的结果，因此要根据水质监测结果，利用于桥水库流域生态补偿分配平台逐月核算流域生态补偿的总量。此外，在突发事件发生时，还要加测跨界断面水质，并计算突发事件损失，根据突发事件发生原因，核算污染赔偿。

由于不同的核算方法和分配方法计算的结果差异较大，因此应按照本书所列举的几种国内外较为常用的流域补偿核算和分配方法计算于桥水库补偿金额的额度范围，并由两省市流域补偿管理单位通过博弈的方法，协商确定补偿的总量。资金到位后，由河北省和天津市的流域生态补偿管理部门根据相关的法律法规确定补偿资金的使用。

当干旱、洪水、污染泄漏等突发事件发生时，可能对下游的供水量和供水安全造成一定程度的影响。对突发事件造成的影响，要通过分析事故责任、经济损失、影响范围等确定赔偿金额。

3．资金筹集制度

稳定且可持续的资金来源是实现有效生态补偿的重要保障。根据密云水库、新安江等现有的项目基础，于桥水库生态补偿的资金主要来源于政府的财政转移支付。政府通过征收补偿费，一方面获得资金收入；另一方面缓解了环境污染。此外，还可以通过采用市场补偿的方法作为政府补偿的补充。

1）政府补偿

政府直接利用财政收入或者通过征收生态税得来的资金对生态进行补偿，或者在税收上对河北省和蓟州区环保企业、污染企业拆迁、“三高”企业向环境友好企业转移进行减免，实现区域的生态补偿。这是目前绝大多数地区所采用的方式，其占生态补偿资金的比重也是最大的。

2）市场补偿

市场补偿手段在发达国家应用较为广泛，可以为于桥水库的水环境保护提供很好的借鉴。秉着“谁破坏，谁付费；谁受益，谁付费”的原则，通过水权交易的方式，允许水权在不同企业之间进行交易，或者将上游节余的优质水资源有偿地提供给下游使用者，以此来获得生态补偿资金。同时，对于居民用水价格实行听证和阶梯水价政策，提高流域居民用水的效率。充分发挥市场在水资源调节中的积极作用，一方面可以解决单一靠政府财政转移支出给政府方面带来的经济压力；另一方面也可以提高企业和居民对水资源价值的认知，提高水资源的利用率。

3）公益捐助

公益捐助主要是接受国内外单位机构、个人的捐款或援助。于桥水库项目可以通过吸引投资和环境组织的援助，另外还可以通过多种方式拓宽社会捐助渠道，接受社会团体和个人资金、物品方面的捐赠。

4. 资金管理制度

要提高资金的使用效率，将有限的资金真正用到实处，就需要构建行之有效的资金管理机制，从资金使用的人员上、使用和结算的制度上进行全方位的管理。

1）设置专门的管理机构

对流域补偿资金进行有效管理，离不开运转高效的管理机构。发达国家更多的是通过地方政府结合本地区的特殊性进行管理，而对于我国的流域水资源补偿则多由国家机关和省市的相关部门进行集中式管理。于桥水库流域生态补偿管理部门主要由国家、河北省和天津市政府部门人员组成，主要负责专项资金的筹措、资金分配核算、资金使用管理和资金使用绩效评估。同时应在管理机构中下设技术咨询部门，为相关技术指导、规划协调管理、仲裁有关纠纷或重大决策提供咨询意见。

2）健全资金管理的日常管理制度

对于每一个流域的生态补偿，补偿管理机构必须依照国家有关财务会计法规，建立健全资金管理的各项规章制度，保证资金的合理使用。具体包括：建立资金管理责任制度，主要是管理者对资金管理的职责以及会计人员的岗位设置、工作分工和职责权限，层层落实责任；建立资金的拨付和使用制度，主要是资金拨付程序、资金使用的原则、开支标准和范围；建立严格的会计核算程序，主要是会计科目的设置和使用，会计账簿的设置和登记，报表的编制和要求；建立定额管理、原始记录管理和计量验收管理制度；建立监督复核制度及奖惩制度；等等。除此之外，还要完善项目的验收和报告制度，严格按照质量控制标准进行检查验收，验收的内容包括施工质量、施工周期、投资预算的执行情况等方面。对验收不合格的工程，要追究责任，对相关责任人给予行政处分，要建立起经济手段、行政手段和法律手段相结合的惩戒机制。

3）构建资金管理的责任会计体系

要确保流域补偿资金的安全有效运行，必须加强对资金的管理和控制，实行报账制，建立责任会计体系。项目报账制的实施可以从源头上保证资金专款专用，实现资金管理与项目进度管理同步。报账制管理的特点是严格按照生态恢复和治理工程进度报账。报账制要求根据项目进度和预算要求，逐级办理报账，使资金使用与治理效果紧密结合，防止补偿资金管理与流域生态恢复质量管理脱节，保证资金的使用效益，使有限的项目资金用在刀刃上。建立流域生态环境补偿资金责任会计体系的重点是建立补偿资金的责任会计控制系统。各个责任中心应对成本、费用负责，各个责任中心形成一个层层负责、逐级控制的成本控制体系。责任会计必须以经济责任制确定的责任目标控制体系为依据，按经济责任层次来确定各级责任单位。通过对责任中心进行指标考核，将考核指标和报酬联系起来，使责任会计形成严密的核算和考核体系，并辅之以相应的奖惩办法。发现资金使用有违法行为，要追究相关责任人员的行政和刑事责任。

5．考核制度

考核制度是指依照流域水质改善的目标或绩效标准，评定流域水环境保护状况和流域生态补偿项目的推进完成情况，并根据评定结果反馈给各个部门的一种制度。对于桥水库流域补偿试点实施情况开展评估，可以系统、客观、准确地反映补偿机制实施的成效，分析存在的问题并寻求解决方案，为提高流域水环境补偿机制的实施效率，解决区域社会经济发展与水资源短缺的矛盾提供技术支撑。

于桥水库流域水环境补偿试点考评机制，将主要考核试点目标、任务完成情况，以及试点产生的环境、经济和社会效益。经济效益主要考核试点实施期间，经济发展与产业结构变化、资金投入与发展机会成本、污染治理效率与环保投资方向等；环境效益主要考核水环境质量变化、污染减排、土地利用类型变化等方面；社会效益主要从政府、企业、公众三个角度，系统考核实施水环境补偿带来的社会影响。

公开绩效考核结果，并列入下年度项目管理决策中。对于绩效考核结果优秀的项目，可以加大扶持力度；对于绩效考核合格的项目，按计划继续开展补偿项目；对于绩效考核结果欠佳的项目，可约谈项目负责人，分析项目进展不顺的原因，督促改进；对部分考核结果差的项目，可暂停项目资金的拨付，重新评估项目的可行性。

3.3.3 公众参与和监督制度

公众参与和监督制度是为了保证生态补偿所有利益相关主体都能参与进来。在生态补偿机制构建过程中，特别是补偿标准应该在科学计算的基础上通过民主与协商确定。公众参与制度的实施是在保障公众知情权的基础之上，鼓励公众积极投身于桥水库生态补偿项目的投资、科研工作；而监督制度的确立有助于提升生态补偿项目的效果和资金使用的有效性，同时也有利于提升公众对项目的理解力和支持度。

1．公众参与制度

（1）保障公众的知情权。于桥水库流域生态补偿将建立补偿平台，实现流域水环境质量的信息公开。第一，于桥水库流域生态管理中心每月在公开平台上公开三个国控点源的数据、流域生态补偿资金发放状况、流域生态补偿项目开展情况等信息，保障公众的知情权。第二，建立生态补偿听证制度，征求公众对补偿形式和补偿额度的建议，提高公众参与生态补偿的积极性。第三，提高公共资金管理的透明度，积极公开补偿资金的流向，保障补偿资金真正用在刀刃上。第四，公开监督和举报电话，解答公众和媒体在生态补偿项目中的疑惑，鼓励公众和媒体行使监督权利，积极举报污染治理、补偿资金管理、绩效考核中存在的问题，提高流域生态补偿效率和保护于桥水库流域的生态环境。

（2）鼓励公众参与生态补偿项目投资。生态流域补偿是惠及流域经济发展的经济补偿政策，对区域经济发展会产生促进作用。由于流域群众对生态补偿的价值认识不足，目前于桥水库的流域生态补偿方式主要以政府转移支付方法为主，即中央政府、天津市和河北省政府利用财政资金实现流域的生态补偿。未来，随着人们对生态环境重要性认识的提高以及流域生态补偿经济效益的逐渐显现，可以鼓励企业、公益团体和个人加入流域生态项目的投资。一方面，企业和流域居民作为流域水资源的受益者，享受水资源价值及其衍生价值，其参加流域补偿也体现了“谁受益，谁付费”的理念。同时，更多的生态补偿资金的来源可以减轻国家财政拨款的负担，稳定资金来源，有利于实现流域生态补偿的可持续发展。另一方面，个人和企业资金进入流域生态补偿有利于提高生态补偿的效率。对现有生态补偿项目结果的比较分析表明，在制度约束力不强的情况下，与个人签订合约操作起来最简单，管理成本低，对居民生活的帮助最大，也能迅速起到保护资源的作用。鼓励有影响力的地方组织机构参与，有利于增强内生激励，提升补偿计划的可持续性。

2. 监督制度

流域生态补偿需要宏观考量流域整体利益的可持续性和最大化发展，考察流域生态补偿的方式和资金额度，以及流域内各类主体的补偿效果，需要努力做到以下几个方面：

（1）增强监督意识，各个流域补偿执行单位积极配合监督。受监督者要增加流域生态补偿运行透明度。权力的运行只有公开、透明，才能对其实施有效的监督。各单位要在认真落实好政务公开制度的同时，逐步建立重大决策公开咨询、听证、报告制度等，保证补偿审批、补偿过程、资金筹集应用和结果验收运行中的公开性和透明度，主动接受监督。

（2）强化权力制约。离开权力间的相互制约，难以从源头上行使对权力的监督。因此，要对生态流域补偿中各个权力进行分解和制约，防止权力过于集中，杜绝利用手中的权力为个人谋取私利的行为。尤其是在财务审批、物资采购、工程建设项目管理上，要把决策、执行、监督三权分离开来，形成相互制衡的关系，促进各个单位相互间的监督，防止不受约束的权力主体的存在。当然，也要注意避免议而不决，该断不断的问题。

（3）要建立监管机构。建议完善流域资源管理机构与职能，在于桥水库流域设立流域监管机构，流域机构应与两省市经济利益完全脱离而保持其中立的纯公共机构的性质，其运行费用从国家和流域有关公共财税中列支；应赋予流域监管机构一定的决策权和执法权，负责流域宏观决策和监管，制定有关流域标准和规则，对流域政府间大型协作进行引导、指导，其对可能影响流域整体利益的补偿协定进行备案审查，但不得干涉流域主体的市场性行为。

（4）要严格执纪执法。严格遵守我国和地区有关生态流域补偿的法律法规，对于破坏补偿规定、违反财经纪律、失职、渎职行为要严肃查办，坚决惩处。对在补偿过程中不接受监督，不坚持民主集中制，造成决策失误的行为应严肃查处。

此外，要大力宣传流域补偿的重要意义，激励群众和广大媒体积极参与监督，提升其监督能力，疏通信访通道。对于群众和媒体反映的问题要及时处理，提升其监督的积极性和有效性。

第 4 章　于桥水库流域生态补偿方案研究

于桥水库流域生态补偿方案需确定流域生态补偿的主体、补偿范围、补偿金额、分配方法和补偿方法。

4.1　于桥水库流域生态主体和范围的确定

基于流域生态学的水文完整性原则，利用 ArcGIS 10.0 平台空间水文分析（Hydrology Modeling）模型，以数字高程模型和 Landsat TM 遥感影像数据为基础，经过无洼地 DEM 生成、提取水流方向、汇流累积量计算、水流长度计算、河流网络生成、河网分级以及流域分割等步骤进行流域特征提取，以此来划定于桥水库流域范围（图 4-1）。

于桥水库流域控制范围 2 060 km^2，自东向西跨越冀津两省市，河北省境内流域面积 1 636 km^2，约占全流域面积的 79%；下游的天津市境内的流域面积 424 km^2，约占全流域面积的 21%。

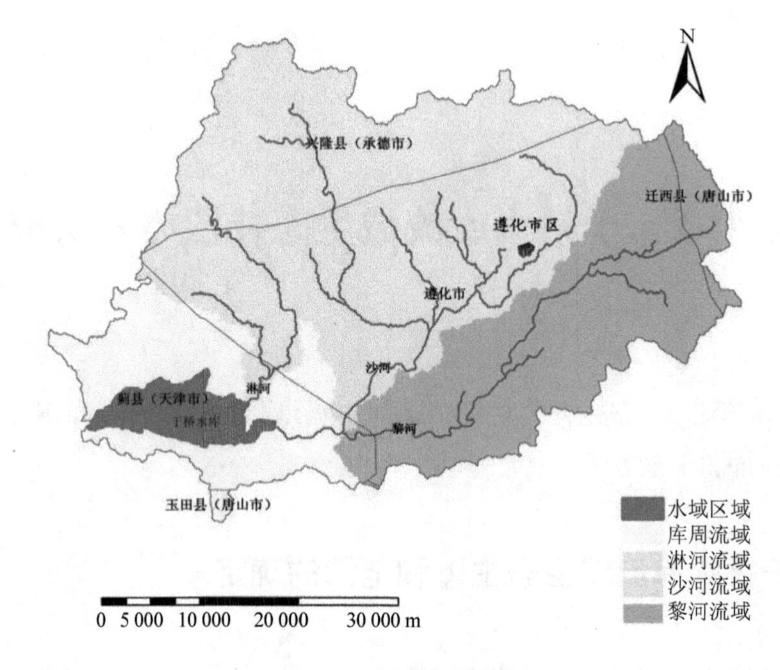

图 4-1 于桥水库流域范围

4.2 于桥水库流域生态补偿资金核算

4.2.1 流域生态补偿核算方法介绍

生态补偿标准的确定要综合考虑生态效益、经济效益和社会效益以及社会接受性、实施可操作性等因素，并结合流域的污染控制和生态保护的实际情况，对各种方法进行科学论证和深入研究，建立一个理论完善、技术可行、结果可靠的计算体系。目前，国内外应用较为广泛成熟的补偿标准测算方法主要有基于生态系统服务功能价值、基于生态保护与建设成本、基于发展机会成本、基于意愿价值评估、基于水资源价值、基于污染治理成本、基于水环境容量价值、基于综合污染指数以及基于水生态足迹共 9 种，其各自的优缺点见表 4-1。

表 4-1　生态补偿标准的不同核算方法及其优缺点

核算方法	优点	缺点
基于生态系统服务功能价值	利用土地利用类型核算区域生态补偿价值，可以追溯多年	价值估算缺乏统一的标准； 补偿额的分摊问题需要深入研究； 未考虑不改变土地利用的环保手段
基于生态保护与建设成本	可操作性强；灵活性大； 兼顾补偿双方利益，有利于充分调动补偿双方的积极性	成本的重复计算； 效益修正系数的定量化研究不足
基于发展机会成本	从生态保护者的切身利益出发，有利于调动流域保护者的积极性	以 GDP 和人均收入代表发展机会成本高估了补偿成本；参照区要具备的条件很难完全满足
基于意愿价值评估	唯一能计算生态系统非使用价值的方法； 充分考虑利益主体意愿	受过程依赖，缺乏客观性； 与经济水平、公众环保意识、公众文化层次等关系密切，不确定性较大
基于水资源价值	所需参数较少，简单可行，可操作性大； 综合考虑了水量和水质	水质调整系数 C 的确定有待改进和完善
基于污染治理成本	以改善水环境质量为目的，针对性强	是基于“超标罚款”性质的污染赔偿标准，缺乏对达标地区水质进一步提高的奖励措施
基于水环境容量	对上游提供优良的水质进行的补偿，很好地体现了“优质优价”的原则	没有统一的计算公式和模型，需要进一步研究
基于综合污染指数	参数获取容易，操作简单； 引入权重因子，考虑到了不同水质指标的相对重要性	P 值与补偿额的定量关系的研究较少； 没有涉及水量，考虑不够周全
基于水生态足迹	从环境经济学的视角出发，方法新颖	方法不够成熟，国内应用很少；模型较复杂，数据量较大

根据这些方法的优缺点，结合跨省于桥水库水源地特征与数据获取情况，本书将应用基于生态系统服务功能价值的核算方法、基于生态保护与建设成本的核算方法、基于发展机会成本的核算方法、基于水资源价值的核算方法、基于补偿主体支付能力的核算方法开展于桥水库流域生态补偿的测算，并结合流域的污染控制和生态保护的实际情况确定补偿标准。

为保证流域生态系统能够可持续地提供各种产品和服务，要对生态保护者进行补偿。

4.2.2 基于生态系统服务功能价值的核算方法

基于生态系统服务功能价值的标准核算方法是从生态系统服务功能价值和保护成本两方面切入从而核算生态保护者应得到的补偿额度。基于生态系统服务功能价值的核算方法计算“应该补偿多少”问题。生态系统服务功能是指生态系统与生态过程所形成及所维持的人类赖以生存的自然环境条件和效用，包括对人类生存及生活质量有贡献的生态系统产品和生态系统功能以及人类活动从生态系统中获得的效益。根据功能将生态系统服务划分为供给服务、调节服务、支持服务和文化服务。对于流域尺度的生态系统服务功能重点考虑以水循环过程和水生态过程为纽带的生态系统服务功能，其核心表现为水资源和水环境在支撑流域社会经济发展、保护流域生态系统生态环境的作用。水源地作为流域系统的重要组成部分，水源地生态系统服务功能是人类从水源地生态系统中获得的利益，包括生态系统对人类可以产生直接影响的供给功能、调节功能以及对维持生态系统的其他功能具有重要作用的支撑功能。分析水源地生态服务功能和识别各种可能发生的安全问题是水源地生态服务功能价值量核算的基础。

生态系统服务理论是生态补偿的重要理论基础，生态补偿是生态系统服务功能完善的重要保证。生态补偿制度的最终目标是恢复、维护和改善生态系统服务功能。以生态系统服务功能为基础的价值评估能为流域生态系统综合管理及流域生态保护措施制定提供理论依据和决策支持。本方案通过评估补偿范围内提供的生态系统服务功能价值确定补偿标准。

1. 方法介绍

本方案以 Costanza 生态系统服务价值公式为基础，结合谢高地的中国陆地生态系统单位面积服务价值表，量化补偿范围内不同生态系统服务价值量，最终确定合理的生态补偿标准。主要计算公式为：

$$\text{ESV}=\sum(A_k \times \text{VC}_k)$$

$$\text{ESV}_f=\sum(A_k \times \text{VC}_{fk})$$

式中，ESV 为研究区生态系统服务总价值；A_k 为研究区 k 种土地利用类型的面积（hm^2）；VC_k 为单位面积生态系统服务价值（元/hm^2）；ESV_f 为生态系统单项服务功能价值（元）；VC_{fk} 为单项服务功能单位面积生态系统服务价值（元/hm^2）。

表 4-2　中国不同生态系统单位面积生态服务价值　　单位：元/hm^2

一级类型	二级类型	森林	草地	农田	湿地	河流/湖泊	荒漠
供给服务	食物生产	148.20	193.11	449.10	161.68	238.02	8.98
	原材料生产	1 338.32	161.68	175.15	107.78	157.19	17.96
调节服务	气体调节	1 940.11	673.65	323.35	1 082.33	229.04	26.95
	气候调节	1 827.84	700.60	435.63	6 085.31	925.15	58.38
	水文调节	1 836.82	682.63	345.81	6 035.90	8 429.61	31.44
	废物处理	772.45	592.81	624.25	6 467.04	6 669.14	116.77
支持服务	保持土壤	1 805.38	1 005.98	660.18	893.71	184.13	76.35
	维持生物多样性	2 025.44	839.82	458.08	1 657.18	1 540.41	179.64
文化服务	提供美学景观	934.13	390.72	76.35	2 106.28	1 994.00	107.78
	合计	12 628.69	5 241.00	3 547.89	24 597.21	20 366.69	624.25

资料来源：谢高地，甄霖，鲁春霞，等.一个基于专家知识的生态系统服务价值化方法[J]. 自然资源学报，2008，23（5），911-919.

2．补偿测算

根据于桥水库流域的土地利用、土地覆盖特征，结合《土地利用现状分类》（GB/T 21010—2007）的要求，本书将流域分为林地、草地、水域、建设用地、耕地以及未利用土地 6 种土地利用类型。以 Landsat TM 遥感影像为数据源，获取解译 2005 年和 2010 年两期于桥水库流域土地利用数据（图 4-2）。利用地理信息系统技术手段，获得于桥水库流域 2005—2010 年的土地利用转移矩阵（图 4-3），以反映于桥水库流域土地利用类型相互转化的定量关系，同时进行各地类之间面积量算（表 4-3）。

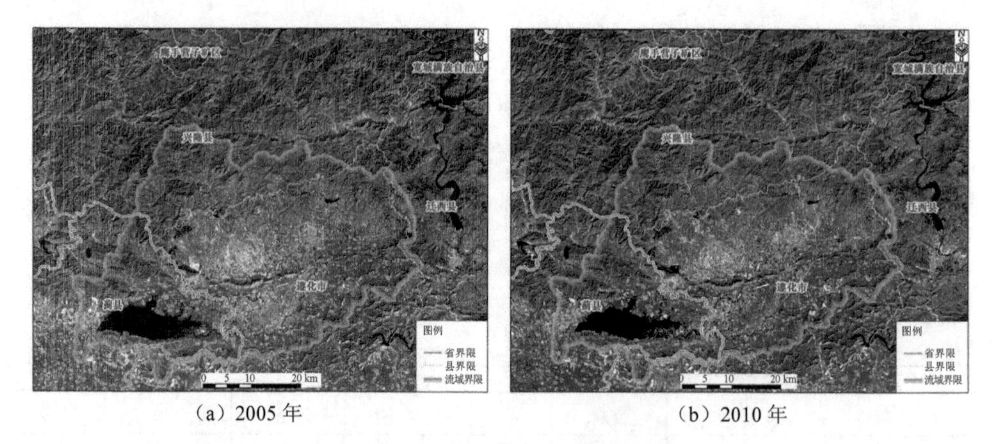

（a）2005 年　　　　（b）2010 年

图 4-2　于桥水库流域遥感影像

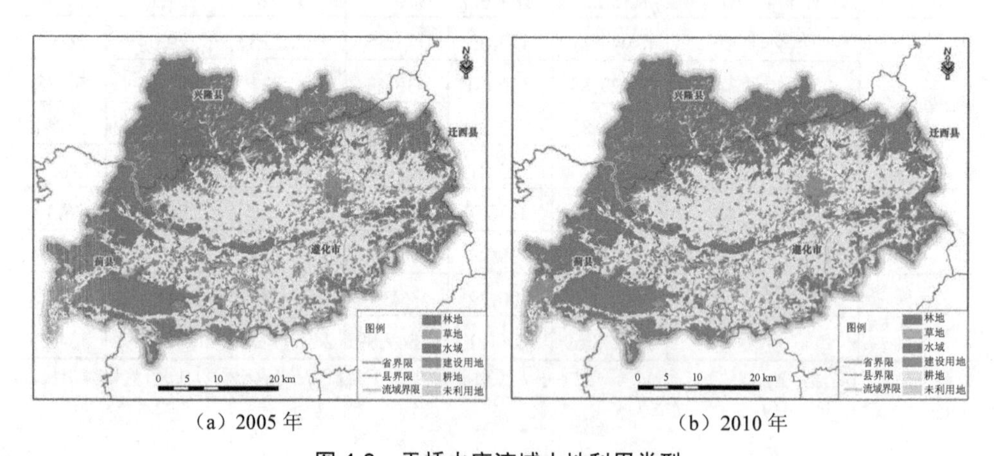

（a）2005 年　　　　（b）2010 年

图 4-3　于桥水库流域土地利用类型

表 4-3　2005 年、2010 年于桥水库流域各类土地利用变化情况　　单位：hm^2

土地利用类型	2005 年	2010 年
林地	87 116.02	87 237.22
草地	10 532.95	10 268.85
水域	11 346.45	11 173.19
建设用地	20 886.75	21 469.45
耕地	80 686.01	80 424.19
未利用土地	224.99	220.26
合计	210 793.15	210 793.15

结合于桥水库流域的生态环境本底状况，套用 Costanza 的生态系统服务价值公式和谢高地的中国陆地生态系统单位面积服务价值表来计算于桥水库流域生态系统服务价值。2005 年服务价值为 16.744 亿元，2010 年为 16.716 亿元。

生态系统服务功能的价值量的结果直观、明确，可以给决策者提供决策依据和参考，因而有积极的参考价值。基于流域生态学理论，根据流域生态系统整体性、开放性和具有自维持、自调控功能的特征，不仅考虑流域生态系统对水资源的保护功能，还考虑到文化功能、食品供给功能、生物保育功能等多种功能。本书主要关注的是下游的水资源安全，因此本书中主要关注水文调节功能和废物处理功能。从表 4-4、表 4-5 可知，该两项功能补偿量年均为 4.875 亿元。

2005—2010 年，于桥水库流域生态系统服务总价值呈减少趋势，5 年间年均水文调节功能和废物处理功能的生态服务功能价值减少 0.038 4 亿元，见表 4-6、表 4-7。

表 4-4　2005 年于桥水库流域各项生态系统服务功能价值　单位：亿元

一级类型	二级类型	森林	草地	农田	水域		未利用土地
					湿地	河流/湖泊	
供给服务	食物生产	0.129	0.020	0.362	0.001	0.026	0.000 02
	原材料生产	1.166	0.017	0.141	0.000	0.017	0.000 04
调节服务	气体调节	1.690	0.071	0.261	0.004	0.025	0.000 06
	气候调节	1.592	0.074	0.351	0.022	0.102	0.000 13
	水文调节	1.600	0.072	0.279	0.022	0.926	0.000 07
	废物处理	0.673	0.062	0.504	0.023	0.733	0.000 26
支持服务	保持土壤	1.573	0.106	0.533	0.003	0.020	0.000 17
	维持生物多样性	1.764	0.088	0.370	0.006	0.169	0.000 40
文化服务	提供美学景观	0.814	0.041	0.062	0.008	0.219	0.000 24
合计		11.002	0.552	2.863	0.089	2.237	0.001 40

表 4-5 2010 年于桥水库流域各项生态系统服务功能价值 单位：亿元

一级类型	二级类型	森林	草地	农田	水域		未利用土地
					湿地	河流/湖泊	
供给服务	食物生产	0.129	0.020	0.361	0.001	0.025	0.000 02
	原材料生产	1.168	0.017	0.141	0.001	0.016	0.000 04
调节服务	气体调节	1.693	0.069	0.260	0.008	0.024	0.000 06
	气候调节	1.595	0.072	0.350	0.044	0.097	0.000 13
	水文调节	1.602	0.070	0.278	0.044	0.881	0.000 07
	废物处理	0.674	0.061	0.502	0.047	0.697	0.000 26
支持服务	保持土壤	1.575	0.103	0.531	0.006	0.019	0.000 17
	维持生物多样性	1.767	0.086	0.368	0.012	0.161	0.000 40
文化服务	提供美学景观	0.815	0.040	0.061	0.015	0.208	0.000 24
合计		11.017	0.538	2.853	0.179	2.128	0.001 39

表 4-6 2005—2010 年于桥水库流域各地类生态系统服务功能价值变化 单位：亿元

土地利用类型	2005 年	2010 年	2005—2010 年
林地	11.002	11.017	0.015 3
草地	0.552	0.538	–0.013 9
水域	2.326	2.306	–0.019 8
建设用地	0	0	0
耕地	2.863	2.853	–0.009 3
未利用地	0.001 4	0.001 39	–0.000 01
合计	16.744	16.716	–0.277

表 4-7 2005—2010 年于桥水库流域各项生态系统服务功能价值变化 单位：亿元

一级类型	二级类型	2005 年	2010 年	2005—2010 年
供给服务	食物生产	0.539	0.536	–0.002 2
	原材料生产	1.342	1.342	0.000 3
调节服务	气体调节	2.051	2.054	0.002 4
	气候调节	2.141	2.158	0.016 5
	水文调节	2.899	2.875	–0.023 8
	废物处理	1.995	1.981	–0.014 6
支持服务	保持土壤	2.235	2.235	0.000 1
	维持生物多样性	2.398	2.395	–0.003 2
文化服务	提供美学景观	1.143	1.140	–0.003 2
合计		16.744	16.716	–0.027 7

4.2.3　基于生态保护与建设成本的核算方法

基于生态保护与建设成本的核算方法计算“需要补偿多少”的问题。生态保护与建设成本是指为改善水源地生态环境而进行生态保护与开发建设的相关投入。下游地区或者上一级政府通过计算这些成本投入为上游地区的生态保护与建设付费。

1．方法介绍

水源涵养与生态保护补偿成本由直接成本和间接成本构成。直接成本考虑的是进行水源涵养与生态保护所开展的各项措施费用，包括日常管理和污染防治方面的人力、物力、财力的直接投入；间接成本则是为保护流域上游水源涵养区的水源涵养和生态功能维护所发生的科研、文化宣传等费用。

2．补偿测算

于桥水库的生态保护成本主要包括以下几个方面：

（1）日常管理费用。为保障于桥水库水环境安全，水利部建立了天津市引滦工程于桥水库管理处，主要负责于桥水库、电厂、32.6 km 州河暗渠、0.65 km 果河及其附属工程设施的维修养护、运行安全监视监测、防汛供水调度、水环境治理保护、输水计量等工程运行管理工作。生态环境部门对于桥水库及上游水环境质量、水库周边土壤环境质量、大气环境质量开展长期监测工作。市容园林部门每年对流域范围内的园林开展长期的养护工作。城镇污水处理厂对流域范围内的污水进行处理并达标排放。因此每年与于桥水库的监管和维护相关的费用约为 1.5 亿元。

（2）污染治理专项费用。于桥水库近期的污染治理项目包括水污染源治理 2009 年示范项目，于桥水库周边水污染源治理一期、二期工程等多个项目，工程项目覆盖库区水体生态恢复工程、库周治理工程、黎河示范支流口治理工程、水质监测设施完善工程、关键技术科学研究项目五大类 11 个子项。2013—2015 年，于桥水库流域申请了包括于桥水库流域江河湖泊生态环境保护专项资金（25 618 万元）、农村环境综合整治专项资金（3 099.68 万元）、滦河流域治理资金（29 751.44

万元）等多项资金。每年环保治理资金投入约 2.5 亿元。

（3）与于桥水库流域相关的科研和文化宣传费用。作为天津市重要的饮用水水源地，于桥水库的水资源保护和水污染溯源、治理方法一直是研究的热点，相关高校、科研单位均开展了大量的研究。同时，为提高流域居民的环境保护意识，环保部门、水利部门在“六五环境日”“水法宣传周”“全国城市节水宣传周”开展流域水环境保护的宣传和科普活动。以所有经费的 20%计，每年用于科研和文化宣传方面的资金约 1 亿元。

综上所述，基于生态保护与建设成本的核算方法年流域生态补偿资金约为 5 亿元。

4.2.4　基于水环境容量的核算方法

1．方法介绍

根据“谁受益，谁补偿；谁污染，谁付费”原则，对于达标的水质指标，其水环境容量为正数，下游要针对其剩余的环境容量对上游进行补偿。对于超标的水质指标，其水环境容量为负数，上游要因为环境容量的透支对下游进行污染赔偿。所以基于水环境容量的补偿标准的计算，只着眼于达标水质，具体公式如下：

$$P = \sum_{i=1}^{n} P_i = \sum_{i=1}^{n} \Delta M_i \times P_{0i}$$

式中，P 为总的补偿金额；P_i 为指标 i 对应的单项补偿金额；P_{0i} 为指标 i 对应的单位环境容量补偿标准；ΔM_i 为达标水质 i 的环境容量。

水环境容量计算采用如下公式：

$$\Delta M_i = Q \times (c_{0i} - c_i)$$

式中，Q 为水量，c_{0i} 和 c_i 分别为指标 i 的标准浓度值和实测浓度值。对于效益型指标（DO），取 ΔM_i 的绝对值。

2．补偿测算

根据引滦入津历年调水量和果河桥监测断面水质监测值，计算出果河桥断面历年各指标水环境容量，计算过程中标准浓度采用Ⅲ类标准值。计算结果见表 4-8，由于总氮指标超过Ⅲ类标准，故未列出。

表4-8　果河桥监测断面2007—2012年各水质指标环境容量ΔM_i

指标	单位	2007年	2008年	2009年	2010年	2011年	2012年
溶解氧	t	4 241.05	3 819.08	3 300.48	3 751.22	4 689.96	2 447.95
高锰酸钾指数	t	1 851.30	1 909.54	2 085.12	1 670.42	1 680.36	1 232.63
化学需氧量	t	8 155.40	8 522.32	7 090.56	5 225.12	4 796.55	3 299.98
五日生化需氧量	t	1 052.70	1 455.18	961.92	1 635.74	1 448.37	903.93
氨氮（NH_3-N）	t	510.02	449.45	418.75	450.26	416.33	304.05
总磷	t	85.31	92.71	81.22	66.47	65.21	38.06
铜	t	604.70	613.69	575.71	577.71	626.69	432.28
锌	t	598.95	607.86	570.24	572.22	620.73	428.18
氟化物（以F^-计）	t	314.60	282.44	305.28	317.90	300.96	240.04
硒	t	5.90	5.99	5.62	5.64	6.11	4.22
砷	t	28.13	28.55	26.78	28.76	31.19	21.40
汞	t	0.06	0.06	0.05	0.05	0.06	0.04
镉	t	2.72	2.76	2.59	2.86	3.10	2.14
六价铬	t	29.04	29.47	27.65	27.74	30.10	20.76
铅	t	27.23	27.63	25.92	28.61	31.04	21.41
氰化物	t	119.79	121.57	114.05	114.44	124.15	85.64
挥发酚	t	2.42	2.46	2.30	2.31	3.04	2.01
石油类	t	21.18	21.49	20.16	20.23	21.95	16.87
阴离子表面活化剂	t	105.88	107.45	97.92	101.15	109.73	75.69
硫化物	t	114.95	116.66	109.44	109.82	119.13	82.18
类大肠杆菌群	10^{12}个	5 802.98	5 965.50	5 649.12	5 605.16	6 069.36	4 185.52
硫酸盐（以SO_4^{2-}计）	t	—	—	—	—	—	29 842.50
氯化物（以Cl^-计）	t	128 169.25	127 036.60	122 860.80	112 189.80		89 960.00
硝酸盐（以N计）	t	5 978.01	5 484.86	4 595.90	4 986.98	5 193.44	2 536.18
铁	t	—	—	—	—	—	95.15
锰	t	—	—	—	—	—	41.09

《江苏省环境资源区域补偿方法（试行）》（苏政办发〔2007〕149 号）将环境资源区域补偿因子及补偿标准暂定为：化学需氧量每吨 1.5 万元，氨氮每吨 10 万元，总磷每吨 10 万元。《关于印发〈山东省生态补偿资金管理办法〉的通知》（鲁财建〔2008〕9 号）将补偿标准定为：COD 每吨 3 500 元、氨氮每吨 4 375 元。《关于印发河南省水环境生态补偿暂行办法的通知》（豫政办〔2010〕9 号）根据水污染防治要求和治理成本，确定生态补偿标准为化学需氧量每吨 2 500 元，氨氮每吨 10 000 元。

通过以上相关政府文件，结合天津、河北地区污水处理厂的运行成本，对各达标水质因子的单位补偿标准确定见表 4-9。

表 4-9 各水质因子的单位补偿标准

指标	补偿标准	指标	补偿标准
溶解氧	1 万元/t	六价铬	1 万元/t
高锰酸钾指数	1 万元/t	铅	1 万元/t
化学需氧量（COD）	5 万元/t	氰化物	1 万元/t
五日生化需氧量（BOD_5）	1 万元/t	挥发酚	1 万元/t
氨氮（NH_3-N）	10 万元/t	石油类	1 万元/t
总磷（以 P 计）	10 万元/t	阴离子表面活化剂	1 万元/t
铜	1 万元/t	硫化物	1 万元/t
锌	1 万元/t	粪大肠杆菌群	1 万元/1 012 个
氟化物（以 F^-计）	1 万元/t	硫酸盐（以 SO_4^{2-} 计）	0.01 万元/t
硒	1 万元/t	氯化物（以 Cl^- 计）	0.01 万元/t
砷	1 万元/t	硝酸盐（以 N 计）	0.1 万元/t
汞	1 万元/t	铁	1 万元/t
镉	1 万元/t	锰	1 万元/t

2007—2012 年各水质指标对应的补偿金额和总的补偿金额，见表 4-10。

表 4-10　2007—2012 年基于水环境容量的补偿标准　　单位：亿元

指标	2007 年	2008 年	2009 年	2010 年	2011 年	2012 年
溶解氧	0.424 1	0.381 9	0.330 0	0.375 1	0.469 0	0.244 8
高锰酸钾指数	0.185 1	0.191 0	0.208 5	0.167 0	0.168 0	0.123 3
化学需氧量	4.077 7	4.261 2	3.545 3	2.612 6	2.398 3	1.650 0
五日生化需氧量	0.105 3	0.145 5	0.096 2	0.163 6	0.144 8	0.090 4
氨氮（NH_3-N）	0.510 0	0.449 4	0.418 8	0.450 3	0.416 3	0.304 0
总磷	0.085 3	0.092 7	0.081 2	0.066 5	0.065 2	0.038 1
铜	0.060 5	0.061 4	0.057 6	0.057 8	0.062 7	0.043 2
锌	0.059 9	0.060 8	0.057 0	0.057 2	0.062 1	0.042 8
氟化物（以 F^-计）	0.031 5	0.028 2	0.030 5	0.031 8	0.030 1	0.024 0
硒	0.000 6	0.000 6	0.000 6	0.000 6	0.000 6	0.000 4
砷	0.002 8	0.002 9	0.002 7	0.002 9	0.003 1	0.002 1
汞	0.000 0	0.000 0	0.000 0	0.000 0	0.000 0	0.000 0
镉	0.000 3	0.000 3	0.000 3	0.000 3	0.000 3	0.000 2
六价铬	0.002 9	0.002 9	0.002 8	0.002 8	0.003 0	0.002 1
铅	0.002 7	0.002 8	0.002 6	0.002 9	0.003 1	0.002 1
氰化物	0.012 0	0.012 2	0.011 4	0.011 4	0.012 4	0.008 6
挥发酚	0.000 2	0.000 2	0.000 2	0.000 2	0.000 3	0.000 2
石油类	0.002 1	0.002 1	0.002 0	0.002 0	0.002 2	0.001 7
阴离子表面活化剂	0.010 6	0.010 7	0.009 8	0.010 1	0.011 0	0.007 6
硫化物	0.011 5	0.011 7	0.010 9	0.011 0	0.011 9	0.008 2
类大肠杆菌群/（个/L）	0.580 3	0.596 6	0.564 9	0.560 5	0.606 9	0.418 6
硫酸盐（以 SO_4^{2-} 计）						0.029 8
氯化物（以 Cl^- 计）	0.128 2	0.127 0	0.122 9	0.112 2		0.090 0
硝酸盐（以 N 计）	0.059 8	0.054 8	0.046 0	0.049 9	0.051 9	0.025 4
铁						0.009 5
锰						0.004 1
总计	6.353 3	6.496 9	5.602 1	4.748 6	4.523 3	3.171 2

根据 2007—2012 年计算结果，采用基于水环境容量的核算方法，流域补偿年均值为 5.149 亿元。

4.2.5　基于发展机会成本的核算方法

机会成本在经济学中被定义为“为得到某种东西而必须放弃的东西”，依据“选择后放弃的最大收益”的原理，即进行环境保护过程中保护者所放弃的最大利益。应用到生态补偿机制中就是生态系统服务功能的提供者为了保护生态环境所放弃的经济收入、发展机会等。通过计量出地区保护环境的成本，根据保护的机会成本确定的生态补偿数据能达到促使补偿者自觉保护环境的目的。

上游地区开展的水资源开发利用与保护工作直接影响到下游地区的用水安全。因而，上游地区要限制不利于水源涵养和水环境保护的产业发展，禁止对水资源保护不利的项目，对上下游跨界断面往往都有较高的水量、水质考核控制标准，以保证充足和优质的水资源流向下游地区。这就在一定程度上制约了上游地区经济发展和人民生活水平的提高，导致水源地发展速度落后于邻近地区。因而，应以可持续发展理念为指导，通过受益区应对水源区给予适当的经济补偿或项目支持，实现地区间相对平衡发展。

在水源地生态补偿中，生态保护和建设者的机会成本主要包括 3 个部分：由于水源涵养区执行严格的环境标准而限制某些行业的发展，导致其发展机会的损失；个人因生态保护与牺牲的发展机会；水源涵养区进行生态建设而造成的机会成本损失。一般采用实证调查分析和与邻近区域经济发展的经验对比分析两种方法。

在地区经济影响因素的信息不完备的情况下，采用经验对比分析法也能比较近似地评价水源保护引起的水源地经济损失。有研究表明利用相邻县市居民的人均可支配收入与上游地区人均可支配收入对比，估算出相对相邻县市居民收入水平的差异，也可以以人均 GDP 为考核因子估算研究区与相邻县市的经济发展差距，从而反映发展权的限值可能给上游地区造成的经济损失，作为补偿的参考依据。

1. 方法介绍

本方案采用与邻近区域经济发展的经验对比分析法，研究水源地保护限制发展造成的经济损失。可采用以下两种思路：

（1）选取与水源地自然条件相近但未因涵养水源而限制发展的地区作为参照对象，比较两者之间的经济差异。近似地将两者之间的差异作为评价水源保护限制发展损失的依据，计算公式如下：

$$C_X=(\mathrm{GDP_0}-\mathrm{GDPs})\alpha N_S$$

式中，C_X 为限制发展损失；$\mathrm{GDP_0}$ 为无涵养水源限制的相近地区人均国内生产总值；GDPs 为涵养水源地限制地区人均国内生产总值；α为补偿系数，即水资源对经济的影响系数；N_S 为涵养水源限制地区人口数。

（2）分析计算水源地与下游受益区之间的经济差异，取两者之间差异值作为评价限制发展经济损失的依据，计算公式如下：

$$C_X=(\mathrm{GDP_D}-\mathrm{GDPs})\alpha N_S$$

式中，C_X为限制发展损失；$\mathrm{GDP_D}$ 为受水区人均国内生产总值；GDPs 为涵养水源限制地区人均国内生产总值；α为补偿系数，即水源保护对区域经济的影响系数；N_S 为涵养水源限制地区人口数。

基于发展机会成本的补偿系数是指水源地进行涵养水源与生态保护对经济影响或贡献程度，它决定了水源保护造成的区域经济损失水平。跨省流域地区 GDP 差值乘以补偿系数就是水资源受益区对水源地的经济补偿值。地区经济的发展水平受诸多要素影响，包括地理环境、资源矿产、资金投入、人力投入、人文环境以及国家地区各项政策等因素，地区政策包括一些资源保护政策等。这些要素都可以看成是地区经济的函数，用数学公式来表达为

$$E=F(x_1,x_2,x_3,\cdots,x_n)$$

式中，E 表示经济发展水平，可以用地区国内生产总值 GDP 表示，x_n 表示影响 GDP 大小的各种因素，包括水源区保护水源政策影响因素 x_{wp}，则上式可表示为

$$\mathrm{GDP}=F(x_1,x_2,\cdots,x_{\mathrm{wp}},\cdots,x_n)$$

水源保护对经济的影响程度是指实施水源保护引起地区经济的边际损失 $\mathrm{ML_{WP}}$，用公式表示为

$$\mathrm{ML_{WP}}=\frac{\partial \mathrm{GDP}}{\partial x_{\mathrm{wp}}}=\frac{\partial \mathrm{F}(x_1,x_2,\cdots,x_{\mathrm{wp}},\cdots,x_n)}{\partial x_{\mathrm{wp}}}$$

即

$$\alpha=\mathrm{ML_{WP}}$$

由于影响地区经济的诸多要素中有部分要素难以定量描述，确定水源保护影响经济的程度具有相当大的难度。目前，国内对水资源对经济发展的贡献率研究极其有限，丁相毅对郑州地区水资源对经济生产总值的影响研究结果表明，水资源对郑州的生产总值贡献率为1%～3%。本书中，α 取值为2%。

2．补偿测算

以人均GDP为考核因子，计算引滦流域上游地区的发展权损失。由于地区分别隶属于承德市、唐山市和天津市，因此以承德、唐山和天津的人均GDP作为参考地区来计算（表4-11）。

表4-11　人均GDP发展差异比较

<table>
<tr><th colspan="3">地区</th><th>人均地区生产总值/元</th><th>与参考地区的差异/元</th><th>区域人口/万人</th><th>地区生产总值差异/亿元</th></tr>
<tr><td rowspan="6">河北省</td><td rowspan="2">承德市</td><td>全市</td><td>31 332</td><td>—</td><td>—</td><td>—</td></tr>
<tr><td>兴隆县</td><td>25 432</td><td>5 900</td><td>4.17</td><td>2.46</td></tr>
<tr><td rowspan="4">唐山市</td><td>全市</td><td>76 726.92</td><td>—</td><td>—</td><td>—</td></tr>
<tr><td>迁西县</td><td>99 390</td><td>22 663.08</td><td>0.42</td><td></td></tr>
<tr><td>遵化市</td><td>69 958</td><td>6 768.92</td><td>57.81</td><td>39.13</td></tr>
<tr><td>玉田县</td><td>44 668.5</td><td>32 058.42</td><td>0.89</td><td>2.88</td></tr>
<tr><td colspan="2" rowspan="2">天津市</td><td>全市</td><td>91 180.55</td><td>—</td><td>—</td><td>—</td></tr>
<tr><td>蓟州区</td><td>38 929.16</td><td>52 251.39</td><td>23.77</td><td>124.21</td></tr>
</table>

计算结果显示，流域覆盖地区比参考地区GDP低168.89亿元。以补偿系数为2%计算，则需对于桥水库流域补偿3.374亿元。

4.2.6　基于水资源价值的核算方法

生态补偿机制不仅是一项环境保护政策，也是解决社会公平、协调区域发展的一个重要手段。根据水资源的紧缺程度调节水价是实现水资源可持续利用的必要经济手段。水资源价值具有经济核算的功能，同时水资源价值能够为水资源有偿使用和水资源费的合理征收提供技术经济基础。当流域清洁水资源价值可直接货币化时，可基于水价格法实施流域补偿。水资源市场价格法的思路为：根据水质的好坏来判定是受水区向上游补偿，还是上游向受水区赔偿，然后结合水量和单位水资源价格进行核算。

1．方法介绍

水资源价值法是一种非常直接的补偿方法，它根据水资源价值以及水量来确定流域生态补偿量，计算公式如下：

$$P = Q \times C_C \times \delta$$

式中，P 为生态补偿金额；Q 为调水量；C_C 为水资源价值；δ 为水质调整系数。

其中，C_C 一般可采用污水处理成本或水资源市场价格，这种方法简单易行，但 C_C 还可以进行改进，比如可以采用水资源价值来替换；水质调整系数 δ 可以根据优质优价的原则，结合引滦入津工程的实际情况来合理确定。随着流域水资源交易市场的逐步形成和完善，基于水资源价值的计算方法将会较为易行和可操作。

计算中参数的取值对结果影响较大，目前应用模糊数学的方法可以较好地评价水资源的价值，得到较为合理的资源水价。模糊数学评价法是运用模糊数学理论分析和评价具有“模糊性”的对象的系统分析方法，是一种较为成熟的演算方法。当研究对象拥有多个影响因素的时候，模糊数学评价有着很大的优势，它能够实现将一些边界不清、不易定量的因素定量化，并进行综合识别，最终获得较为科学、合理的评价结果。因此，本方案采用当前较为成熟的基于模糊数学模型的水资源价值计算方法，计算引滦入津工程水资源价值，并在此基础上，构建考虑水质因素的生态补偿量计算模型。

模糊数学模型认为：水资源价值系统是一个模糊系统，构成水资源价值的因素，可以分为 3 类：自然因素、经济因素和社会因素。水资源价值模型可用函数表示为

$$C = f\left(X_1, X_2, X_3, \cdots, X_n\right)$$

式中，C 为水资源价值；$X_1, X_2, X_3, \cdots, X_n$ 分别表示影响水资源价值的因素，如水质、水资源量、人口密度、经济结构、技术影响、水资源生产成本及正常利润等。

水资源价值模糊数学综合评价模型计算公式如下：

$$B = \omega \circ R$$

式中，B 为综合评价结果矩阵；ω 为各评价要素权重分配矩阵；"∘"为模糊矩阵的复合运算符号，即矩阵 B 中的元素应按照模糊矩阵复合运算法则确定；R 为单要素评价矩阵即隶属度矩阵，表示评价要素集 U 与评语集 V 之间的模糊关系，它是以各单要素模糊评价结果为行向量构建而成的。

2. 补偿测算

利用以上公式，结合 2007—2012 年引滦入津水环境质量、水资源总量、人均用水量、人口数、人均 GDP、城镇居民人均可支配收入等评价因素，对引滦入津的水资源价值进行计算，具体见表 4-12～表 4-17。

表 4-12 2007 年水资源价值评价因素标准

评价因素	高	较高	中等	较低	低
地表水水质标准	Ⅰ类	Ⅱ类	Ⅲ类	Ⅳ类	Ⅴ类
水资源总量/亿 m^3	10.4	412.54	814.68	2 568.04	4 321.4
人均用水量/（m^3/人）	2 498.1	1 469.8	441.5	307.55	173.6
人口数/万人	9 660	6 933.1	4 206.2	2 247.6	289
人均 GDP/元	66 367	44 170.2	21 973.4	14 444.2	6 915
城镇居民人均可支配收入/元	23 622.73	18 704.365	13 786	23 798.34	10 012.34
农村居民人均纯收入/元	10 144.62	7 142.31	4 140	3 234.46	2 328.92

表 4-13　2008 年水资源价值评价因素标准

评价因素	高	较高	中等	较低	低
地表水水质标准	Ⅰ类	Ⅱ类	Ⅲ类	Ⅳ类	Ⅴ类
水资源总量/亿 m^3	9.2	447.09	884.98	2 722.59	4 560.2
人均用水量/（m^3/人）	2 499.9	1 473.05	446.2	306.75	167.3
人口数/万人	9 893	7 066.4	4 239.8	2 265.9	292
人均 GDP/元	73 124	49 630.5	26 137	17 480.5	8 824
城镇居民人均可支配收入/元	26 674.90	21 227.95	15 781	26 750.41	10 969.41
农村居民人均纯收入/元	11 440.26	8 100.63	4 761	3 742.395	2 723.79

表 4-14　2009 年水资源价值评价因素标准

评价因素	高	较高	中等	较低	低
地表水水质标准	Ⅰ类	Ⅱ类	Ⅲ类	Ⅳ类	Ⅴ类
水资源总量/亿 m^3	8.4	394.205	780.01	2 404.605	4 029.2
人均用水量/（m^3/人）	2 475.1	1 461.55	448	306.3	164.6
人口数/万人	10 130	7 201	4 272	2 284	296
人均 GDP/元	78 989	53 603.65	28 218.3	19 263.65	10 309
城镇居民人均可支配收入/元	28 837.78	23 006.39	17 175	29 104.78	11 929.78
农村居民人均纯收入/元	12 482.94	8 817.97	5 153	4 066.55	2 980.1

表 4-15　2010 年水资源价值评价因素标准

评价因素	高	较高	中等	较低	低
地表水水质标准	Ⅰ类	Ⅱ类	Ⅲ类	Ⅳ类	Ⅴ类
水资源总量/亿 m^3	9.2	503.09	996.98	2 794.99	4 593
人均用水量/（m^3/人）	2 463.7	1 456.95	450.2	314.05	177.9
人口数/万人	10 441	7 372	4 303	2 301.5	300
人均 GDP/元	76 074	54 716.9	33 359.8	23 239.4	13 119
城镇居民人均可支配收入/元	31 838.08	25 473.54	19 109	32 297.55	13 188.55
农村居民人均纯收入/元	13 977.96	9 948.48	5 919	4 671.825	3 424.65

表 4-16 2011 年水资源价值评价因素标准

评价因素	高	较高	中等	较低	低
地表水水质标准	Ⅰ类	Ⅱ类	Ⅲ类	Ⅳ类	Ⅴ类
水资源总量/亿 m^3	8.8	379.51	750.22	2 576.46	4 402.7
人均用水量/（m^3/人）	2 383	1 418.7	454.4	314.2	174
人口数/万人	10 505	7 414.45	4 323.9	2 313.45	303
人均 GDP/元	85 213	62 327.45	39 441.9	27 927.45	16 413
城镇居民人均可支配收入/元	36 230.48	29 020.24	21 810	36 798.68	14 988.68
农村居民人均纯收入/元	16 053.79	11 515.395	6 977	5 443.185	3 909.37

表 4-17 2012 年水资源价值评价因素标准

评价因素	高	较高	中等	较低	低
地表水水质标准	Ⅰ类	Ⅱ类	Ⅲ类	Ⅳ类	Ⅴ类
水资源总量/亿 m^3	10.8	481.64	952.48	2 574.44	4 196.4
人均用水量/（m^3/人）	2 657.4	1 556.05	454.7	310.9	167.1
人口数/万人	10 594	7 471	4 348	2 328	308
人均 GDP/元	93 173	68 279.85	43 386.7	31 548.35	19 710
城镇居民人均可支配收入/元	40 188.34	32 376.67	24 565	41 721.89	17 156.89
农村居民人均纯收入/元	17 803.68	12 860.34	7 917	6 211.83	4 506.66

计算得出 2007—2012 年基于水资源价值的生态补偿标准，采用其平均值，基于引滦入津工程水资源价值的生态补偿标准为 9.502 亿元（表 4-18）。

表 4-18 基于水资源价值的生态补偿标准测算结果

年份	水资源价值/（元/m^3）	引滦入津调水量/亿 m^3	补偿标准/亿元
2007	0.930	6.05	5.627
2008	1.443	6.14	8.860
2009	1.388	5.76	7.995
2010	2.006	5.78	11.595
2011	2.072	6.27	12.991
2012	2.660	4.33	11.518
多年平均	1.750	5.43	9.502

4.2.7　基于补偿主体支付能力的核算方法

引滦入津工程缓解了天津市严重缺水的局面，为经济发展和社会稳定提供了支撑和保障。水资源价值法以引滦入津工程调水后水资源对天津市国内生产总值的贡献值为依据，同时考虑补偿主体支付意愿和经济发展水平影响，引入反映补偿主体支付意愿的生态补偿标准系数和反映补偿主体支付水平的补偿能力因子来权衡“应该补偿多少”和“能够补偿多少”之间的矛盾，进行生态补偿标准的核算。

1．方法介绍

水资源价值法计算公式如下：

$$P=r\times\alpha\times \mathrm{PG}$$

式中，P 为补偿金额；r 为生态补偿标准系数；α为补偿能力因子；PG 为引滦入津调水水资源对流域下游天津市国内生产总值的贡献值。

r 为生态补偿标准系数，计算公式如下：

$$r_i=\frac{1}{1+4.65\mathrm{e}^{-0.052\left(\frac{1}{\mathrm{En}_i}-3\right)}}$$

式中，r_i 为第 i 年的生态补偿系数；En_i 为第 i 年的恩格尔系数。天津市生态补偿标准系数见表 4-19。

表 4-19　生态补偿标准系数

年份	城镇居民家庭恩格尔系数/%	农村居民家庭恩格尔系数/%	城镇人口比例/%	农村人口比例/%	En_i	$1/\mathrm{En}_i$	生态补偿标准系数 r_i
2007	35.3	38.9	60.5	39.5	0.367	2.723	0.174 9
2008	37.3	39.9	60.7	39.3	0.383	2.609	0.174 1
2009	36.5	39.5	61.1	38.9	0.377	2.655	0.174 4
2010	35.9	39.0	61.4	38.6	0.371	2.696	0.174 7
2011	36.2	37.9	61.6	38.4	0.369	2.713	0.174 8
2012	36.7	36.2	62.1	37.9	0.365	2.739	0.175 0

资料来源：《天津市统计年鉴》。

α是补偿能力因子，其数值通过补偿主体地区的 GDP 占全国 GDP 的比重来确定。天津市生态补偿能力因子见表 4-20。

表 4-20 天津市补偿能力因子计算结果

年份	天津市 GDP/亿元	我国 GDP/亿元	补偿能力系数α
2007	5 252.76	265 810	0.019 8
2008	6 719.01	314 045	0.021 4
2009	7 521.85	340 903	0.022 1
2010	9 224.46	401 513	0.023 0
2011	11 307.28	473 104	0.023 9
2012	12 855.18	519 322	0.024 8

资料来源：《天津市国民经济与社会发展统计公报》。

PG 值根据天津市万元 GDP 用水量的实际情况，依据历年来引滦入津工程调水量来计算，见表 4-21。

表 4-21 引滦入津工程调水量的 PG 值

年份	天津市 GDP/亿元	用水量/亿 m^3	引滦调水量/亿 m^3	万元 GDP 用水量/m^3	PG 值/亿元
2007	5 252.76	23.37	6.05	44.49	1 359.86
2008	6 719.01	22.33	6.14	33.23	1 847.73
2009	7 521.85	23.37	5.76	31.07	1 853.88
2010	9 224.46	22.42	5.78	24.30	2 378.60
2011	11 307.28	23.10	6.27	20.43	3 069.02
2012	12 855.18	23.13	4.325	17.99	2 384.66

资料来源：《天津市统计年鉴》《天津市水资源公报》。

2．补偿测算

根据计算公式，得到基于补偿主体支付能力的生态补偿标准如表 4-22 所示。根据引滦入津工程调水后水资源对天津市国内生产总值的贡献值，天津市平均每年为流域上游涵养水源与生态保护地区补偿 8.578 亿元。

表 4-22　基于补偿主体支付能力的生态补偿标准测算结果

年份	生态补偿标准系数	补偿能力系数	PG/亿元	补偿标准/亿元
2007	0.174 9	0.019 8	1 359.86	4.709
2008	0.174 1	0.021 4	1 847.73	6.884
2009	0.174 4	0.022 1	1 853.88	7.145
2010	0.174 7	0.023 0	2 378.60	9.557
2011	0.174 8	0.023 9	3 069.02	12.822
2012	0.175 0	0.024 8	2 384.66	10.349
年平均	0.174 6	0.022 8	1 359.86	8.578

4.2.8　小结

综合上述不同补偿标准核算方法计算结果，假设在流域上游供给水资源达到跨界考核断面水环境质量目标的情况下，不同方法测算获得理论补偿标准为 3.374 亿～9.502 亿元，平均值为 6.080 亿元（表 4-23）。

表 4-23　各种补偿标准核算方法计算结果

补偿标准核算方法	补偿标准/亿元
基于生态系统服务功能价值的核算方法	4.875
基于生态保护与建设成本的核算方法	5.000
基于水环境容量的核算方法	5.149
基于发展机会成本的核算方法	3.374
基于水资源价值的核算方法	9.502
基于补偿主体支付意愿的核算方法	8.578
平均值	6.080

理论研究可为生态补偿提供补偿标准范围，补偿的具体金额可通过补偿双方博弈来确定，博弈双方对水资源的需求、经济发展水平、人群环保意识等因素都可能对博弈结果产生影响。为方便补偿资金分配方法的计算，本书设定两方博弈的结果是每年补偿 5 亿元。

4.3 于桥水库流域生态补偿资金分配方法

流域上游得到流域下游给予的补偿资金要满足一个重要条件：在满足水量要求的情况下，要保证水质的达标。所以为了使流域生态补偿机制更加完善，形成流域上下游良性互动的局面，有必要建立补偿金额的分配制度，基本思路是：在跨界水质不达标的情况下，上游在获得的补偿金额中拿出一部分作为赔偿金，给予下游用于水质的改善。根据“谁受益，谁补偿；谁污染，谁付费”的原则，如果上游供给水资源没有达到跨界考核断面水环境质量目标，那么上游地区不仅仅是保护者的角色，同时也要承担污染者的责任，给予下游地区相应的赔偿金额，这也是公平性原则的体现。基本原理如下：

$$P = P_1 + P_2 = a_1 \times P + a_2 \times P$$

式中，P_1为分配给上游河北省的补偿资金；P_2为分配给下游天津市的补偿资金；a_1为上游的补偿金分摊系数；a_2为下游的补偿金分摊系数，$a_1+a_2=1$。即上游供水水资源状况越好，上游分摊系数越小，上游补偿金分摊越少，流域下游作为受益区补偿金额分摊越多来补偿给上游地区。

4.3.1 基于居民生活水平的分配方法

1．方法介绍

以与生态系统服务密切相关的人类福祉水平，即居民生活水平为依据，按照下游地区居民收入水平占流域总体水平的比例来确定下游地区的受益程度。

$$L = \alpha B + (1-\alpha)H$$

式中，L为居民生活水平；α为人口比例的权重，$\alpha < 1.0$；B为城镇居民人均可支配收入；H为农民人均纯收入。

2．分配测算

根据天津市和河北省两地区居民收入水平，计算上下游分配比例，见表4-24。

表 4-24　基于居民生活水平的分配方法计算结果

年份	分配指数		流域下游受益比例/%
	河北省	天津市	
2007	0.333	0.667	0.667
2008	0.329	0.671	0.671
2009	0.327	0.673	0.673
2010	0.326	0.674	0.674
2011	0.337	0.663	0.663
2012	0.343	0.657	0.657
年平均	0.333	0.667	0.667

根据年平均比例，计算流域下游的补偿总量为 5 亿元×0.667=3.335 亿元。

4.3.2　基于水质调整因子的分配方法

1．方法介绍

基于水质调整因子的分配方案，基本原理是：利用各个指标的实测浓度和目标浓度，构造一个水质调整因子δ。当水质不达标时，使δ的值介于 0～1，这样我们就可以用δ的值赋给 a_1。即引滦入津水环境质量越好，水质调整因子越小，流域下游天津地区受益比例越大，分摊的补偿金额就越大。计算公式如下：

$$\delta=\sum_{i=1}^{n}k_i\times 1+(-1)\times\sum_{j=1}^{n}k_j\times\left(\frac{c_j}{c_{jo}}-1\right)+\delta_{\mathrm{pH}}+\delta_{\mathrm{DO}}$$

式中，i 为达标水质；j 为超标水质；k 为权重值；c_j 表示 j 的实测浓度值；c_{jo} 表示 j 的标准浓度值。由于 pH 和 DO 指标的特殊性，故采用单独的公式计算。

2．分配测算

根据天津市对于桥水库水环境质量的期望及上游河北省可能达到的水环境保护能力，本书设定了三种假设模式，具体见表 4-25、表 4-26。

表 4-25 不同模式指标、标准和权重设定方案

	指标	标准	权重
A	化学需氧量、氨氮、总磷、总氮 4 项指标	《地表水环境质量标准》（GB 3838—2002）除总氮执行地表水III类标准外，其余指标执行II类标准	每项指标等权重
B	《地表水环境质量标准》（GB 3838—2002）表 1 和表 2 中共 29 项指标	以该指标多年平均浓度值为基准	每项指标赋权重

表 4-26 不同方案的指标、标准和权重选择

分配方案	指标	标准	权重
方案 1（改善情况）	A	B	A
方案 2（现状）	B	A	B
方案 3（现状）	B	A	A

根据不同方案的分配系数，下游的分配比例和分配金额计算结果见表 4-27。

表 4-27 不同方案流域下游的分配系数和分配金额

分配方案	流域下游受益比例	流域下游分配金额/亿元
方案 1（改善情况）	0.452	2.260
方案 2（现状）	0.528	2.640
方案 3（现状）	0.775	3.875

4.3.3 基于综合污染指数的分配方法

1. 方法介绍

综合污染指数是指：选取 n 个水质指标，利用各个指标的实测浓度和目标浓度进行数学上的归纳和统计，得出一个较简单的代表水体污染程度的数值。综合污染指数是在单项污染指数评价的基础上计算得到的，主要方法有水质质量系数

法、简单综合污染指数法、综合污染指数法、分级评价法、内梅罗水污染指数法、综合水质指数法（WQI）等。

本次研究采用综合污染指数法，计算公式如下：

$$p = k_i \sum_{i=1}^{n} \frac{c_i}{c_{io}}$$

式中，k 为水质指标的权重值；n 为水质指标的种类；c_i 为实测浓度值；c_{io} 为标准浓度值。

2．分配测算

根据跨省界面综合污染指数的计算结果，分析上下游的受益比例，见表 4-28。

表 4-28　基于综合污染指数法计算结果

年份	流域下游受益比例/%
2007	0.74
2008	0.58
2009	0.52
2010	0.65
2011	0.49
2012	0.42
年平均	0.567

结果显示，下游年平均受益比例为 0.567，流域下游分配金额为 2.835 亿元。

4.3.4　基于跨界断面水质水量目标的分配方案

1．方法介绍

上游地区生态建设的效益，一部分由上游地区享受；另一部分转移到下游。因此，上游得到的补偿应该是总成本的一部分。水资源的效用，主要表现在一定数量的水量上和一定标准的水质上。上游生态建设投入成本、向下游提供的水资源量、所提供水资源的质量成为补偿计算最主要的因子。因此，引入水量分摊系数与水质修正系数来测算上游生态建设和保护的外部性所需的补偿量。考虑水量分摊和水质修正后下游对上游地区生态建设的补偿量：

$$C_tKV_t \cdot KQ_t = C_tKV_t + P_tM_t = C_tKV_t\left(1+\frac{P_tM_t}{C_tKV_t}\right)$$

即
$$KQ_t = 1+\frac{P_tM_t}{C_tKV_t}$$

$C_o = C_{o标}$ 时，$P_t = 0$，$KQ_t = 1$，下游地区只需因利用上游水量而分摊成本 C_tKV_t；

$C_o < C_{o标}$ 时，$P_t > 0$，$KQ_t > 1$，下游地区除需分摊成本 C_tKV_t 外，因享有优于标准水质的水量而对上游地区补偿 P_tM_t；

$C_o > C_{o标}$ 时，$P_t < 0$，$KQ_t < 1$，下游地区分摊成本 C_tKV_t，但上游地区因向下游排放劣于标准水质的水量而需向下游地区赔偿 P_tM_t。

2．分配测算

天津市多年引滦入津水量见表 4-29。

表 4-29 引滦入津多年平均入境水量 单位：亿 m^3

年份	1993	1994	1995	1996	1997	1998	1999
入境水量	8.116	4.295	3.378	3.624	8.5	6.138	7.491
年份	2000	2001	2002	2003	2004	2005	2006
入境水量	4.88	4.90	5.16	4.50	3.37	4.18	5.81
年份	2007	2008	2009	2010	2011	2012	20 年均值
入境水量	6.05	6.14	5.76	5.78	6.270	4.325	5.433

天津市多年引滦入津平均调水量为 5.433 亿 m^3，而滦河流域多年平均水资源总量为 43.71 亿 m^3，因而天津市获得水量分摊系数 KV_t 为 0.124 3，应承担部分生态建设和环境保护的成本。

依据《海河流域重点水功能区划》中的要求，引滦专线天津保护区——黎河桥监测断面的水质目标为地表水Ⅱ类标准。因此，在计算水质污染风险指数与水质修正系数过程中，指标标准以地表水Ⅱ类为基准（除总氮），而考虑到水源地水环境质量实际情况，总氮以地表水Ⅲ类为基准。根据流域水环境特征分析结果与污染风险指数评价结果（即风险指数与风险因子出现频率），本方案筛选出化学需氧量、氨氮、总磷、总氮 4 项指标作为流域上下游交界断面处的代表性指标，来进行水质修正系数的计算。

参考河北省人民政府办公厅《关于进一步加强跨界断面水质目标责任考核的通知》（办字〔2012〕62 号）和范青等（2014）提出的北京市水环境区域补偿机制构建中制定的补偿因子扣缴与奖励标准，最终确定 M_t（COD）为 5 万元/t; M_t（NH_3-N）为 5 万元/t; M_t（TN）为 1 万元/t; M_t（TP）为 10 万元/t。根据上述计算公式获得水质修正系数 KQ_t 为 2.959（表 4-30）。

表 4-30　水质修正系数

年份	COD/（mg/L）		氨氮/（mg/L）		总氮/（mg/L）		总磷/（mg/L）		KQ_t
	Ⅱ类	实测值	Ⅱ类	实测值	Ⅲ类	实测值	Ⅱ类	实测值	
2007	15	7.58	0.5	0.200	1.0	5.53	0.1	0.054	4.361
2008	15	9.91	0.5	0.359	1.0	2.54	0.1	0.022	3.509
2009	15	8.24	0.5	0.341	1.0	5.42	0.1	0.068	3.826
2010	15	9.64	0.5	0.289	1.0	4.80	0.1	0.119	3.220
2011	15	10.9	0.5	0.184	1.0	7.64	0.1	0.098	2.560
2012	15	12.6	0.5	0.285	1.0	9.36	0.1	0.098	1.330
年平均									2.959

因此，流域下游分配金额为 5 亿元×（1−2.959×0.124 3）=3.161 亿元。

4.3.5　小结

综合以上多种算法计算流域上下游生态补偿资金的分担比例，结果显示，不同方法所计算得到的流域下游天津地区应分担 2.260 亿～3.335 亿元（表 4-31）。

表 4-31 各种补偿量分担方法计算结果

<table>
<tr><th colspan="3" rowspan="2">方法</th><th colspan="2">分担参与者占比</th><th rowspan="2">分摊标准/亿元</th></tr>
<tr><th>河北补偿区域</th><th>天津补偿区域</th></tr>
<tr><td colspan="3">基于居民生活水平</td><td>0.333</td><td>0.667</td><td>3.335</td></tr>
<tr><td rowspan="5">基于跨界断面水环境状况</td><td rowspan="3">基于水质调整因子</td><td>方案 1</td><td>0.548</td><td>0.452</td><td>2.260</td></tr>
<tr><td>方案 2</td><td>0.472</td><td>0.528</td><td>2.640</td></tr>
<tr><td>方案 3</td><td>0.225</td><td>0.775</td><td>3.875</td></tr>
<tr><td colspan="2">基于综合污染指数</td><td>0.433</td><td>0.567</td><td>2.835</td></tr>
<tr><td colspan="2">基于跨界断面水质水量</td><td>0.368</td><td>0.632</td><td>3.161</td></tr>
</table>

第5章　于桥水库流域水环境整治方法遴选

改善流域生态环境的方式和方法很多。从方式上，可以从清水产流区、清水养护区、湖滨缓冲区三个区域开展生态环境保护；也可以分为点源治理和非点源治理两个方面。从方法上，可以利用移民、工厂搬迁、污水治理、产业转型等多种方式开展。采用何种方法有效，如何能够使有限的资金效益最大化一直是管理者所关注的问题。最佳管理措施（Best Management Practices，BMPs）可以通过对污染物来源、传输过程以及进入受纳水体的三个环节进行控制，对有效解决于桥水库水环境污染具有积极的意义。

5.1　于桥水库流域环境整治方法

5.1.1　于桥水库污染来源和潜在的环境整治方法

现有调查表明于桥水库流域污染主要是氮、磷污染源，而污染物来源主要以非点源为主。于桥水库的非点源污染主要包括土壤侵蚀、农业种植、畜禽养殖和农村生活四大类污染源，除此之外，还包括农村坑塘和直接沉降到库区水面的大气干湿沉降携带的氮、磷污染，是流域内氮、磷的主要来源。

土壤侵蚀是本区非点源污染的一个重要来源，其中包括养分流失、表土损失、泥沙淤积等方面。由于于桥水库流域处于流域下游，水量相对较为丰富，加之当地土壤存在侵蚀状况，亟须改变坡耕地、荒草坡地的利用方式，从污染的源头进行控制。可以采取耕地还林还草、裸地覆盖草木等方式降低侵蚀所带来的污染。

流域农业种植过程中大量施用的氮肥、磷肥是影响流域水环境质量的主要来源。

畜禽养殖是该区非点源污染的主要来源之一。由于部分养殖废物未得到有效处理，污染物随径流进入地表水体或通过土壤下渗影响地下水，最终对水库水质造成很大威胁。因此，加强畜禽养殖场环保设施建设，合理处置畜禽粪便有利于减少水库面源污染。

流域内大量的农业活动及农村生活对该区的非点源污染也有重要贡献。调查表明，于桥水库流域范围内农田大量施用氮肥和磷肥。同时，部分村镇未建成污水处理设施和垃圾分类回收设施，污水和垃圾未得到妥善处理，造成了一定污染。因此，有必要通过调整流域的农业种植习惯，减少农村生活废弃物的排放量，达到控制流域非点源污染的目的。此外，对区域内点源的控制和对流域内水环境污染的治理也可控制流域污染，降低水体中氮、磷的总量。

5.1.2 最佳管理措施简介

20 世纪 70 年代后期美国提出的“最佳管理措施”（BMPs）是控制流域非点源污染最为常用与有效的途径之一。它以合理利用土地为基础，通过技术、规章和立法等手段，有效减轻非点源污染。BMPs 包括工程措施和管理措施：管理措施主要针对污染源的管控，从源头上控制污染物进入水体；而工程措施多从污染物迁移转化的途径入手，通过改变或切断污染源的传播途径，降低进入受纳水体的污染物质总量。BMPs 具有经济、合算、科学、高效以及符合生态原则等优势，在非点源污染的控制中日益受到重视，应用日益广泛。美国国家环保局、农业部水土保持局及各州政府均有相应的 BMPs 实施细则和办法。

我国关于 BMPs 的研究较晚。随着农业非点源污染对地表环境水质影响问题越来越突出，许多学者开始采用 BMPs 优化流域的空间分布。刘建昌等（2004）对福建省九龙江西溪五川流域非点源污染控制的 BMPs 进行优化设计，分析并模拟了等高耕作、多塘系统及养分管理、植被管理等措施对流域环境的影响，并给出了优化后的 BMP 经济成本和效果。王晓燕等（2009）在北京市密云水库上游流域设计了多种 BMPs 情景，在考虑非点源污染控制效果的经济价值的基础上，综合考察 BMPs 的费用-效益关系，优化流域布局。王彤（2010）以辽河流域上游铁岭段为例，选取农业生产总值最大化和 COD 排放量最小化作为优化目标，对该流域的农业非点源污染控制措施优化进行了研究，并提出了合理发展农业产业的建议。杨育红等（2011）设计了石头门水库莫家沟小流域的 5 种管理措施以削减磷元素排放，共形成了 21 种 BMPs 的组合，并对这些组合以实施费用最小和水质目标约束条件建立优化模型，并确认化肥减施是最直接有效的农业非点源污染削减措施。BMPs 在改善我国农业流域水环境方面有很大的应用前景；但从总体上来看，BMPs 空间优化研究还未形成理论或方法体系，BMPs 评价的定量化及其应用研究仍然十分有限，特别是在流域尺度 BMPs 环境和经济综合评价的定量化的应用研究缺乏。

5.2　基于 PLOAD-BATHTUB 模型于桥水库流域环境整治效果预测

基于流域尺度的 BMPs 环境分析需要结合水力模型。通过模型模拟，可以获悉土地管理活动产生的污染负荷对受纳水体的水质状况产生的影响，可以验证 BMPs 方法的有效性。国内外流域模型众多，主要分为两大类：一类是根据物理过程描述的不同分为经验性模型和半机理机制模型；另一类是根据空间离散程度或分辨率大小的不同分为集总式模型和分布式模型。PLOAD 模型计算方法简单，易于理解，操作简便，而且计算结果可视化效果好；同时又能与 BMPs 模型结合，可为非点源污染控制措施的制定提供依据。

5.2.1　基于 PLOAD 模型的污染负荷削减分析

不同的管理方法在于桥水库流域作用区域不同，用 ArcGIS 提取除点源控制以外的各个方法作用区域的空间矢量图。根据 BMPs 的去除效率和不同管理方法的作用空间，利用 PLOAD 模型进行情景预测，分析采用不同方法或采用多种综合方法对改善于桥水库流域水环境质量的潜在贡献率，见表 5-1、图 5-1～图 5-4。

表 5-1　于桥水库流域 BMPs 措施及去除效率

BMPs 代码	BMPs 名称	TN/%	TP/%
IM	生态移民	80	80
PR	点源管理	100	100
EC	农村人畜粪便治理	20	20
FM	耕地施肥管理	25	25
WP	河流入库湿地建设	30	30

资料来源：申小波，陈传胜，张章，等. 不同宽度模拟植被过滤带对农田径流、泥沙以及氮磷的拦截效果[J]. 农业环境科学学报，2014（4）：721-729。

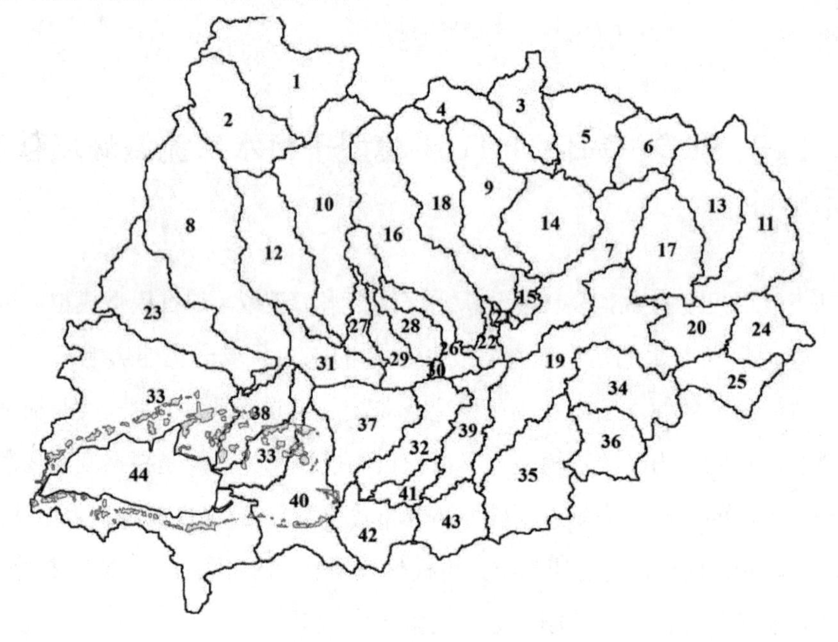

图 5-1　库周生态移民 BMPs

图 5-2　农村人畜粪便治理 BMPs

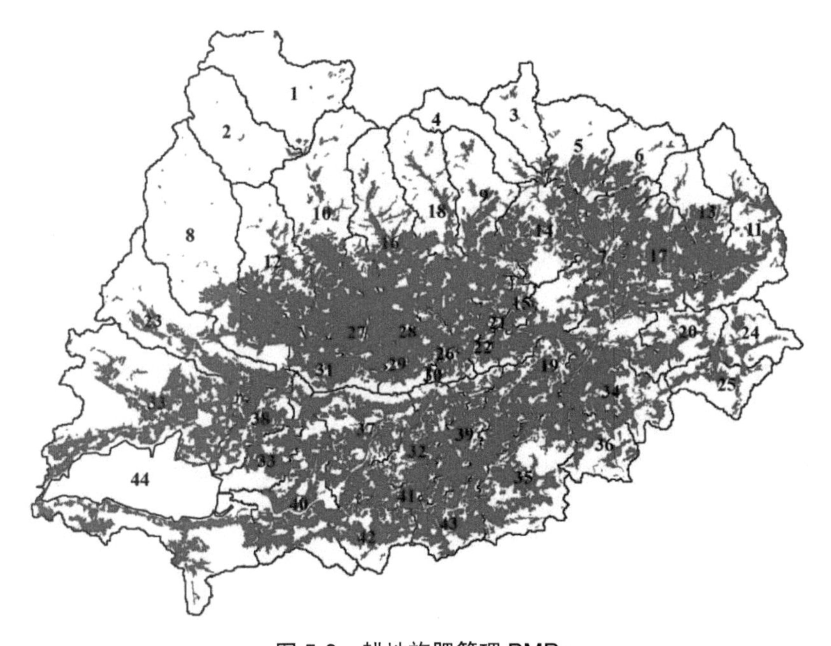

图 5-3　耕地施肥管理 BMPs

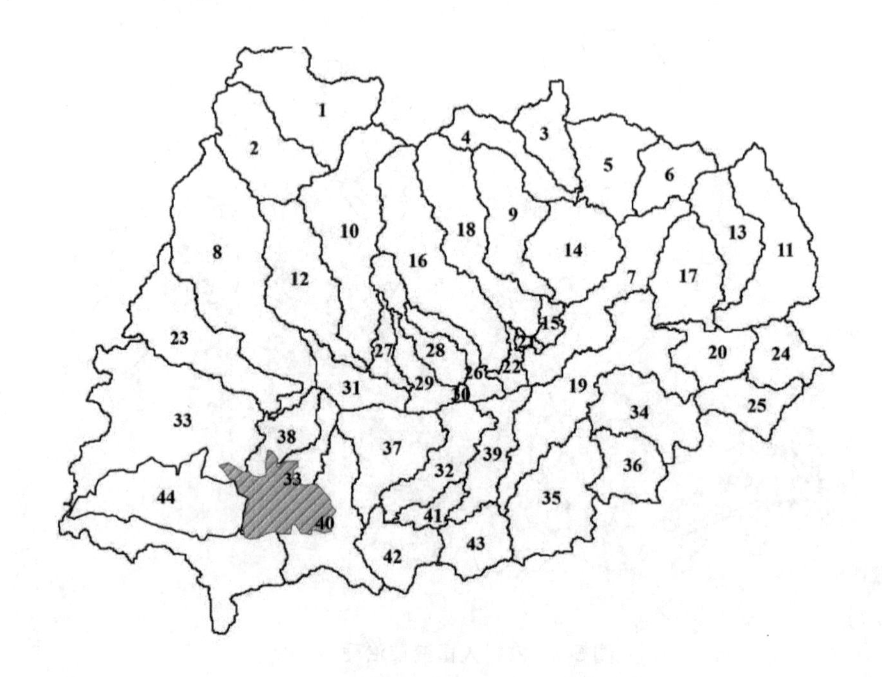

图 5-4 水库东部入河口湿地 BMPs

BMPs 情景预测是利用流域模型对 BMPs 在空间上的不同配置情景进行模拟的方法，可以在不进行大范围实地观测的情况下对污染治理措施的有效性进行评价，具有灵活性和预测性，因而逐渐成为污染控制和辅助流域管理决策的重要手段。本书采用 PLOAD 模型对实施补偿前后的污染源负荷量及变化情况进行计算，分析不同方法在流域水质改善中的潜在贡献率。

1．模型主要输出结果

不同 BMPs 的总氮、总磷去除效果：

运行 PLOAD 模型，分别输入不同的 BMPs，最终计算得到各个 BMPs 对总氮、总磷的去除效果，见表 5-2。

表 5-2 不同 BMPs 去除效果比较

BMPs	TN 负荷/（kg/a）		削减率/%	TP 负荷/（kg/a）		削减率/%
	BMPs 前	BMPs 后		BMPs 前	BMPs 后	
生态移民 YM	223 406.5	209 755.7	6.11	19 510.5	18 100	7.23
耕地施肥管理 FM		215 105.6	3.72		18 932.3	2.96
人畜粪便管理 RX		192 187	13.97		16 284.7	16.53
库东湿地 WP		222 022.6	0.62		19 455.4	0.27
点源管理		222 702	0.32		19 437.7	0.37
综合 BMPs		168 706	24.48		14 191.2	27.26

对于各个子流域，不同 BMPs 的去除效果见表 5-3～表 5-8。

表 5-3 生态移民效果

子流域	TN 负荷/（kg/a）		削减率/%	TP 负荷/（kg/a）		削减率/%
	BMPs 前	BMPs 后		BMPs 前	BMPs 后	
1	2 167.1	2 167.1	0	143.6	143.6	0
2	1 913.0	1 913.0	0	137.5	137.5	0
3	1 457.2	1 457.2	0	117.4	117.4	0
4	1 072.9	1 072.9	0	73.8	73.8	0
5	3 358.7	3 358.7	0	272.8	272.8	0
6	1 139.9	1 139.9	0	81.9	81.9	0
7	14 696.2	14 696.2	0	1 441.1	1 441.1	0
8	5 542.8	5 542.8	0	392.2	392.2	0
9	5 669.5	5 669.5	0	526.9	526.9	0
10	5 723.7	5 723.7	0	471.2	471.2	0
11	4 421.9	4 421.9	0	361.0	361.0	0
12	5 985.5	5 985.5	0	539.6	539.6	0
13	2 896.2	2 896.2	0	247.2	247.2	0
14	11 857.6	11 857.6	0	1 173.3	1 173.3	0
15	2 314.3	2 314.3	0	232.7	232.7	0
16	6 786.3	6 786.3	0	596.7	596.7	0
17	6 502.7	6 502.7	0	614.6	614.6	0

子流域	TN 负荷/（kg/a）		削减率/%	TP 负荷/（kg/a）		削减率/%
	BMPs 前	BMPs 后		BMPs 前	BMPs 后	
18	6 271.0	6 271.0	0	569.6	569.6	0
19	15 420.7	15 420.7	0	1 479.7	1 479.7	0
20	2 009.9	2 009.9	0	169.6	169.6	0
21	511.9	511.9	0	49.6	49.6	0
22	899.9	899.9	0	81.9	81.9	0
23	3 904.8	3 904.8	0	313.2	313.2	0
24	1 427.8	1 427.8	0	111.2	111.2	0
25	2 271.9	2 271.9	0	200.5	200.5	0
26	2 987.0	2 987.0	0	286.6	286.6	0
27	1 382.2	1 382.2	0	126.8	126.8	0
28	2 611.3	2 611.3	0	235.1	235.1	0
29	1 343.7	1 343.7	0	112.9	112.9	0
30	173.5	173.5	0	16.4	16.4	0
31	3 170.8	3 170.8	0	295.6	295.6	0
32	6 936.2	6 936.2	0	663.9	663.9	0
33	29 914.4	20 696.4	30.81	2 628.7	1 676.2	36.23
34	6 259.5	6 259.5	0	591.9	591.9	0
35	6 390.0	6 390.0	0	574.3	574.3	0
36	3 811.1	3 811.1	0	359.9	359.9	0
37	7 563.3	7 456.2	1.42	701.4	690.3	1.58
38	4 928.8	3 472.4	29.55	453.6	303.1	33.17
39	4 878.3	4 878.3	0	464.0	464.0	0
40	8 878.1	6 713.4	24.38	770.7	547.0	29.02
41	1 414.0	1 414.0	0	130.5	130.5	0
42	3 363.1	3 363.1	0	301.7	301.7	0
43	3 171.3	3 171.3	0	288.9	288.9	0
44	7 302.1	7 302.1	0	35.8	35.8	0
汇总	222 702.0	209 755.7	5.81	19 437.7	18 100.0	6.88

表 5-4　耕地施肥管理效果

子流域	TN 负荷/（kg/a）		削减率/%	TP 负荷/（kg/a）		削减率/%
	BMPs 前	BMPs 后		BMPs 前	BMPs 后	
1	2 167.1	2 157.8	0.43	143.6	142.9	0.45
2	1 913.0	1 907.8	0.27	137.5	137.2	0.26
3	1 457.2	1 444.3	0.89	117.4	116.5	0.77
4	1 072.9	1 059.0	1.30	73.8	72.8	1.31
5	3 358.7	3 263.6	2.83	272.8	266.2	2.43
6	1 139.9	1 084.1	4.89	81.9	78.0	4.74
7	14 696.2	14 348.5	2.37	1 441.1	1 416.9	1.68
8	5 542.8	5 300.1	4.38	392.2	375.3	4.31
9	5 669.5	5 518.1	2.67	526.9	516.3	2.00
10	5 723.7	5 441.4	4.93	471.2	451.5	4.17
11	4 421.9	4 200.5	5.01	361.0	345.6	4.27
12	5 985.5	5 740.1	4.10	539.6	522.5	3.17
13	2 896.2	2 738.6	5.44	247.2	236.2	4.44
14	11 857.6	11 575.8	2.38	1 173.3	1 153.6	1.67
15	2 314.3	2 273.5	1.76	232.7	229.8	1.22
16	6 786.3	6 354.1	6.37	596.7	566.5	5.05
17	6 502.7	6 167.1	5.16	614.6	591.2	3.80
18	6 271.0	6 047.8	3.56	569.6	554.1	2.73
19	15 420.7	14 827.9	3.84	1 479.7	1 438.4	2.79
20	2 009.9	1 901.5	5.39	169.6	162.1	4.45
21	511.9	494.6	3.39	49.6	48.4	2.43
22	899.9	844.4	6.17	81.9	78.0	4.72
23	3 904.8	3 744.3	4.11	313.2	302.1	3.57
24	1 427.8	1 366.7	4.28	111.2	107.0	3.83
25	2 271.9	2 202.8	3.04	200.5	195.7	2.40
26	2 987.0	2 858.6	4.30	286.6	277.6	3.12
27	1 382.2	1 269.9	8.13	126.8	119.0	6.17
28	2 611.3	2 400.8	8.06	235.1	220.4	6.24
29	1 343.7	1 204.9	10.33	112.9	103.2	8.56
30	173.5	168.2	3.07	16.4	16.0	2.26
31	3 170.8	2 988.6	5.75	295.6	282.9	4.29

子流域	TN 负荷/（kg/a）		削减率/%	TP 负荷/（kg/a）		削减率/%
	BMPs 前	BMPs 后		BMPs 前	BMPs 后	
32	6 936.2	6 684.7	3.63	663.9	646.4	2.64
33	30 559.9	29 726.9	2.73	2 695.4	2 637.4	2.15
34	6 259.5	5 975.9	4.53	591.9	572.2	3.34
35	6 390.0	6 083.0	4.80	574.3	553.0	3.72
36	3 811.1	3 677.3	3.51	359.9	350.6	2.59
37	7 563.3	7 265.4	3.94	701.4	680.6	2.96
38	4 942.4	4 780.0	3.29	455.1	443.7	2.49
39	4 878.3	4 648.8	4.70	464.0	448.0	3.45
40	8 923.5	8 593.0	3.70	775.4	752.4	2.97
41	1 414.0	1 313.4	7.11	130.5	123.5	5.37
42	3 363.1	3 182.4	5.37	301.7	289.2	4.17
43	3 171.3	2 979.8	6.04	288.9	275.6	4.62
44	7 302.1	7 299.6	0.03	35.8	35.7	0.49
汇总	223 406.5	215 105.6	3.72	19 510.5	18 932.3	2.96

表 5-5 人畜粪便管理效果

子流域	TN 负荷/（kg/a）		削减率/%	TP 负荷/（kg/a）		削减率/%
	BMPs 前	BMPs 后		BMPs 前	BMPs 后	
1	2 167.1	2 016.1	6.97	143.6	128.0	10.87
2	1 913.0	1 740.1	9.04	137.5	119.7	13.00
3	1 457.2	1 285.8	11.76	117.4	99.7	15.08
4	1 072.9	987.5	7.96	73.8	65.0	11.96
5	3 358.7	2 955.6	12.00	272.8	231.2	15.27
6	1 139.9	1 052.5	7.67	81.9	72.8	11.03
7	14 696.2	12 115.4	17.56	1 441.1	1 174.5	18.50
8	5 542.8	5 108.3	7.84	392.2	347.3	11.45
9	5 669.5	4 791.4	15.49	526.9	436.1	17.22
10	5 723.7	5 068.9	11.44	471.2	403.5	14.36
11	4 421.9	3 944.6	10.79	361.0	311.7	13.66
12	5 985.5	5 145.2	14.04	539.6	452.8	16.09
13	2 896.2	2 550.4	11.94	247.2	211.5	14.46
14	11 857.6	9 760.5	17.69	1 173.3	956.6	18.47

子流域	TN 负荷/（kg/a）		削减率/%	TP 负荷/（kg/a）		削减率/%
	BMPs 前	BMPs 后		BMPs 前	BMPs 后	
15	2 314.3	1 887.8	18.43	232.7	188.6	18.94
16	6 786.3	5 937.3	12.51	596.7	508.9	14.70
17	6 502.7	5 510.2	15.26	614.6	512.0	16.69
18	6 271.0	5 365.0	14.45	569.6	476.0	16.43
19	15 420.7	12 910.5	16.28	1 479.7	1 220.3	17.53
20	2 009.9	1 777.5	11.57	169.6	145.6	14.16
21	511.9	426.8	16.63	49.6	40.8	17.72
22	899.9	776.6	13.70	81.9	69.2	15.56
23	3 904.8	3 492.1	10.57	313.2	270.6	13.61
24	1 427.8	1 288.3	9.77	111.2	96.8	12.96
25	2 271.9	1 960.5	13.71	200.5	168.4	16.04
26	2 987.0	2 507.8	16.04	286.6	237.1	17.28
27	1 382.2	1 198.3	13.30	126.8	107.9	14.98
28	2 611.3	2 279.9	12.69	235.1	200.8	14.57
29	1 343.7	1 207.8	10.11	112.9	98.9	12.43
30	173.5	145.9	15.94	16.4	13.6	17.42
31	3 170.8	2 706.5	14.64	295.6	247.6	16.23
32	6 936.2	5 797.1	16.42	663.9	546.3	17.73
33	30 559.9	26 016.5	14.87	2 695.4	2 226.0	17.42
34	6 259.5	5 293.1	15.44	591.9	492.1	16.87
35	6 390.0	5 504.8	13.85	574.3	482.9	15.92
36	3 811.1	3 212.0	15.72	359.9	298.0	17.20
37	7 563.3	6 396.3	15.43	701.4	580.7	17.19
38	4 942.4	4 162.0	15.79	455.1	374.4	17.72
39	4 878.3	4 115.9	15.63	464.0	385.2	16.98
40	8 923.5	7 643.9	14.34	775.4	643.2	17.05
41	1 414.0	1 217.6	13.89	130.5	110.2	15.55
42	3 363.1	2 895.6	13.90	301.7	253.4	16.01
43	3 171.3	2 729.0	13.95	288.9	243.2	15.82
44	7 302.1	7 302.1	0.00	35.8	35.8	0.00
汇总	223 406.5	192 187.0	13.97	19 510.5	16 284.7	16.53

表 5-6 库东湿地效果

子流域	TN 负荷/（kg/a）		削减率/%	TP 负荷/（kg/a）		削减率/%
	BMPs 前	BMPs 后		BMPs 前	BMPs 后	
1	2 167.1	2 167.1	0	143.6	143.6	0
2	1 913.0	1 913.0	0	137.5	137.5	0
3	1 457.2	1 457.2	0	117.4	117.4	0
4	1 072.9	1 072.9	0	73.8	73.8	0
5	3 358.7	3 358.7	0	272.8	272.8	0
6	1 139.9	1 139.9	0	81.9	81.9	0
7	14 696.2	14 696.2	0	1 441.1	1 441.1	0
8	5 542.8	5 542.8	0	392.2	392.2	0
9	5 669.5	5 669.5	0	526.9	526.9	0
10	5 723.7	5 723.7	0	471.2	471.2	0
11	4 421.9	4 421.9	0	361.0	361.0	0
12	5 985.5	5 985.5	0	539.6	539.6	0
13	2 896.2	2 896.2	0	247.2	247.2	0
14	11 857.6	11 857.6	0	1 173.3	1 173.3	0
15	2 314.3	2 314.3	0	232.7	232.7	0
16	6 786.3	6 786.3	0	596.7	596.7	0
17	6 502.7	6 502.7	0	614.6	614.6	0
18	6 271.0	6 271.0	0	569.6	569.6	0
19	15 420.7	15 420.7	0	1 479.7	1 479.7	0
20	2 009.9	2 009.9	0	169.6	169.6	0
21	511.9	511.9	0	49.6	49.6	0
22	899.9	899.9	0	81.9	81.9	0
23	3 904.8	3 904.8	0	313.2	313.2	0
24	1 427.8	1 427.8	0	111.2	111.2	0
25	2 271.9	2 271.9	0	200.5	200.5	0
26	2 987.0	2 987.0	0	286.6	286.6	0
27	1 382.2	1 382.2	0	126.8	126.8	0
28	2 611.3	2 611.3	0	235.1	235.1	0
29	1 343.7	1 343.7	0	112.9	112.9	0
30	173.5	173.5	0	16.4	16.4	0
31	3 170.8	3 170.8	0	295.6	295.6	0

子流域	TN 负荷/（kg/a）		削减率/%	TP 负荷/（kg/a）		削减率/%
	BMPs 前	BMPs 后		BMPs 前	BMPs 后	
32	6 936.2	6 936.2	0	663.9	663.9	0
33	30 491.1	29 831.4	2.16	2 694.7	2 670.8	0.89
34	6 259.5	6 259.5	0	591.9	591.9	0
35	6 390.0	6 390.0	0	574.3	574.3	0
36	3 811.1	3 811.1	0	359.9	359.9	0
37	7 563.3	7 563.3	0	701.4	701.4	0
38	4 933.5	4 645.0	5.85	455.0	433.2	4.78
39	4 878.3	4 878.3	0	464.0	464.0	0
40	8 830.7	8 575.4	2.89	773.3	766.8	0.83
41	1 414.0	1 414.0	0	130.5	130.5	0
42	3 363.1	3 363.1	0	301.7	301.7	0
43	3 171.3	3 171.3	0	288.9	288.9	0
44	7 302.1	7 292.1	0.14	35.8	35.7	0.13
汇总	223 236.1	222 022.6	0.54	19 507.5	19 455.4	0.27

表 5-7　点源管理效果

子流域	TN 负荷/（kg/a）		削减率/%	TP 负荷/（kg/a）		削减率/%
	BMPs 前	BMPs 后		BMPs 前	BMPs 后	
1	2 167.1	2 167.1	0	143.6	143.6	0
2	1 913.0	1 913.0	0	137.5	137.5	0
3	1 457.2	1 457.2	0	117.4	117.4	0
4	1 072.9	1 072.9	0	73.8	73.8	0
5	3 358.7	3 358.7	0	272.8	272.8	0
6	1 139.9	1 139.9	0	81.9	81.9	0
7	14 696.2	14 696.2	0	1 441.1	1 441.1	0
8	5 542.8	5 542.8	0	392.2	392.2	0
9	5 669.5	5 669.5	0	526.9	526.9	0
10	5 723.7	5 723.7	0	471.2	471.2	0
11	4 421.9	4 421.9	0	361.0	361.0	0
12	5 985.5	5 985.5	0	539.6	539.6	0
13	2 896.2	2 896.2	0	247.2	247.2	0
14	11 857.6	11 857.6	0	1 173.3	1 173.3	0

子流域	TN 负荷/（kg/a）		削减率/%	TP 负荷/（kg/a）		削减率/%
	BMPs 前	BMPs 后		BMPs 前	BMPs 后	
15	2 314.3	2 314.3	0	232.7	232.7	0
16	6 786.3	6 786.3	0	596.7	596.7	0
17	6 502.7	6 502.7	0	614.6	614.6	0
18	6 271.0	6 271.0	0	569.6	569.6	0
19	15 420.7	15 420.7	0	1 479.7	1 479.7	0
20	2 009.9	2 009.9	0	169.6	169.6	0
21	511.9	511.9	0	49.6	49.6	0
22	899.9	899.9	0	81.9	81.9	0
23	3 904.8	3 904.8	0	313.2	313.2	0
24	1 427.8	1 427.8	0	111.2	111.2	0
25	2 271.9	2 271.9	0	200.5	200.5	0
26	2 987.0	2 987.0	0	286.6	286.6	0
27	1 382.2	1 382.2	0	126.8	126.8	0
28	2 611.3	2 611.3	0	235.1	235.1	0
29	1 343.7	1 343.7	0	112.9	112.9	0
30	173.5	173.5	0	16.4	16.4	0
31	3 170.8	3 170.8	0	295.6	295.6	0
32	6 936.2	6 936.2	0	663.9	663.9	0
33	30 559.9	29 914.4	2.11	2 695.4	2 628.7	2.47
34	6 259.5	6 259.5	0	591.9	591.9	0
35	6 390.0	6 390.0	0	574.3	574.3	0
36	3 811.1	3 811.1	0	359.9	359.9	0
37	7 563.3	7 563.3	0	701.4	701.4	0
38	4 942.4	4 928.8	0.27	455.1	453.6	0.31
39	4 878.3	4 878.3	0	464.0	464.0	0
40	8 923.5	8 878.1	0.51	775.4	770.7	0.61
41	1 414.0	1 414.0	0	130.5	130.5	0
42	3 363.1	3 363.1	0	301.7	301.7	0
43	3 171.3	3 171.3	0	288.9	288.9	0
44	7 302.1	7 302.1	0	35.8	35.8	0
汇总	223 406.5	222 702.0	0.32	19 510.5	19 437.7	0.37

表 5-8　综合 BMPs 效果

子流域	TN 负荷/（kg/a）		削减率/%	TP 负荷/（kg/a）		削减率/%
	BMPs 前	BMPs 后		BMPs 前	BMPs 后	
1	2 167.1	2 006.8	7.40	143.6	127.3	11.32
2	1 913.0	1 734.9	9.31	137.5	119.3	13.26
3	1 457.2	1 272.9	12.65	117.4	98.8	15.85
4	1 072.9	973.6	9.26	73.8	64.0	13.27
5	3 358.7	2 860.5	14.83	272.8	224.5	17.69
6	1 139.9	996.8	12.56	81.9	69.0	15.77
7	14 696.2	11 767.8	19.93	1 441.1	1 150.2	20.18
8	5 542.8	4 865.6	12.22	392.2	330.4	15.76
9	5 669.5	4 640.1	18.16	526.9	425.6	19.22
10	5 723.7	4 786.7	16.37	471.2	383.9	18.53
11	4 421.9	3 723.1	15.80	361.0	296.2	17.94
12	5 985.5	4 899.7	18.14	539.6	435.7	19.26
13	2 896.2	2 392.7	17.39	247.2	200.5	18.90
14	11 857.6	9 478.6	20.06	1 173.3	937.0	20.14
15	2 314.3	1 847.0	20.19	232.7	185.7	20.16
16	6 786.3	5 505.2	18.88	596.7	478.8	19.75
17	6 502.7	5 174.5	20.43	614.6	488.7	20.49
18	6 271.0	5 141.8	18.01	569.6	460.4	19.16
19	15 420.7	12 317.8	20.12	1 479.7	1 179.0	20.32
20	2 009.9	1 669.0	16.96	169.6	138.1	18.61
21	511.9	409.5	20.02	49.6	39.6	20.16
22	899.9	721.1	19.87	81.9	65.3	20.28
23	3 904.8	3 331.7	14.68	313.2	259.4	17.18
24	1 427.8	1 227.2	14.05	111.2	92.6	16.78
25	2 271.9	1 891.4	16.75	200.5	163.6	18.44
26	2 987.0	2 379.4	20.34	286.6	228.1	20.40
27	1 382.2	1 086.0	21.43	126.8	100.0	21.15
28	2 611.3	2 069.4	20.75	235.1	186.2	20.81

子流域	TN 负荷/（kg/a）		削减率/%	TP 负荷/（kg/a）		削减率/%
	BMPs 前	BMPs 后		BMPs 前	BMPs 后	
29	1 343.7	1 069.0	20.44	112.9	89.2	20.99
30	173.5	140.5	19.01	16.4	13.2	19.68
31	3 170.8	2 524.3	20.39	295.6	234.9	20.52
32	6 936.2	5 545.5	20.05	663.9	528.7	20.37
33	30 511.8	15 261.8	49.98	2 690.4	1 187.0	55.88
34	6 259.5	5 009.4	19.97	591.9	472.3	20.21
35	6 390.0	5 197.8	18.66	574.3	461.5	19.65
36	3 811.1	3 078.2	19.23	359.9	288.7	19.79
37	7 563.3	5 857.5	22.55	701.4	535.1	23.70
38	4 942.4	2 425.9	50.92	455.1	208.5	54.17
39	4 878.3	3 886.4	20.33	464.0	369.2	20.42
40	8 923.5	3 886.5	56.45	775.4	266.1	65.68
41	1 414.0	1 117.0	21.00	130.5	103.2	20.91
42	3 363.1	2 707.9	19.48	301.7	240.1	20.42
43	3 171.3	2 537.6	19.98	288.9	229.9	20.43
44	7 302.1	7 289.6	0.17	35.8	35.6	0.62
汇总	223 358.4	168 706.0	24.47	19 505.5	14 191.2	27.25

2．BMPs的总氮、总磷去除效果空间展示

以综合 BMPs 实施前后的输出系数为例进行制图，结果如图 5-5 所示。

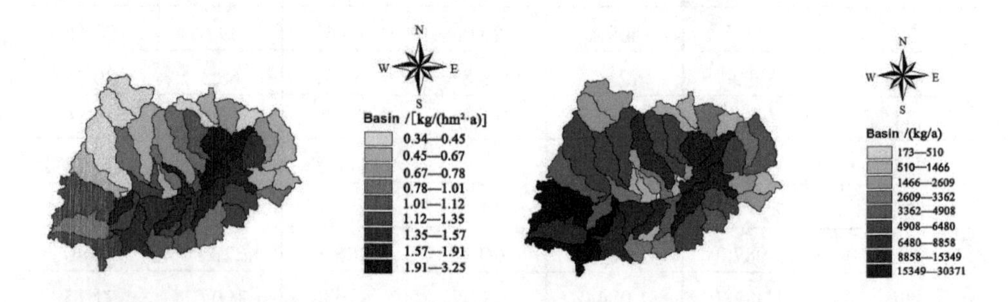

（a）BMP 实施前 TN 输出系数　　（b）BMP 实施前 TN 负荷

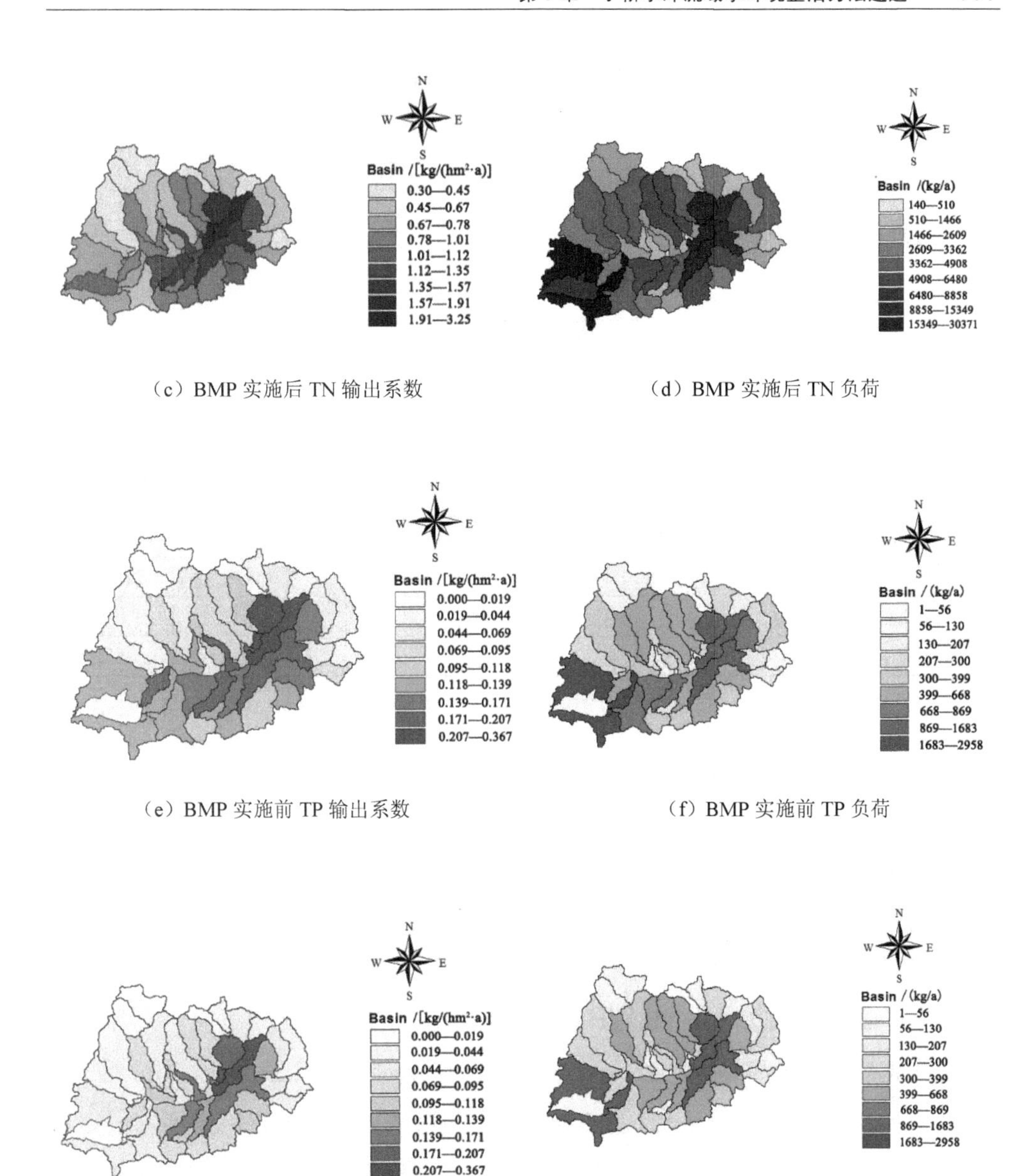

（c）BMP 实施后 TN 输出系数　（d）BMP 实施后 TN 负荷

（e）BMP 实施前 TP 输出系数　（f）BMP 实施前 TP 负荷

（g）BMP 实施后 TP 输出系数　（h）BMP 实施后 TP 负荷

图 5-5　于桥流域流域 BMP 实施前后 TN 和 TP 的输出系数及负荷分布图

模拟结果显示，不同区域和不同的方法对水质的改善能力有所差别。天津市域内于桥水库流域开展污染治理，采用人畜粪便处理、化肥施用量调整和生态移民等面源治理方法的去除率，明显高于点源管理方法。多种方法连用时，总氮和总磷的负荷的削减率可达37.10%和47.43%（表5-9）。

表5-9 不同管理措施下于桥水库营养盐入库负荷

BMPs	TN 入库量/（kg/a）		TN 削减率/%	TP 入库量/（kg/a）		TP 削减率/%
	BMPs 前	BMPs 后		BMPs 前	BMPs 后	
生态移民	50 286.9	39 804.85	20.84	3 873.1	2 789.81	27.97
耕地施肥管理		48 944.39	2.67		3 779.58	2.41
人畜粪便管理		43 871.79	12.76		3 210.13	17.12
库东湿地		49 453.35	1.66		3 845.82	0.70
点源管理		49 630.28	1.31		3 805.09	1.76
综合 BMPs		31 632.49	37.10		2 036.02	47.43

5.2.2 基于BATHTUB模型的于桥水库水质预测

根据于桥水库水环境质量和每年营养盐的流入量，可以利用BATHTUB模型预测水库的富营养程度。

BATHTUB模型是评价复杂形态水库富营养化的经验模型，已被证明是水质评价和管理的有效工具。BATHTUB模型由水量平衡、营养沉积、富营养化反应模型［以总氮和总磷、叶绿素a、透明度（secchi）描述］三大部分组成，模拟、预测湖库水体中一段时间（生长季）的水质平均浓度，以此评价水体富营养化状态。预测的水质指标包括TP、TN、叶绿素a、透明度、有机氮、正磷酸态磷等。该模型与流域负荷模型联用，可核算于桥水库富营养化指数。该模型的主要优点是用简单稳定的计算来描述富营养化的过程，在很大程度上减少了对数据的依赖。

BATHTUB共有3个程序，FLUX、PROFILE和BATHTUB，FLUX、PROFILE

是 BATHTUB 的支持程序。FLUX 根据流量和污染物浓度监测数据，估算支流营养负荷；PROFILE 根据湖库水质监测数据，分析并削减湖库水质数据；最终得到 BATHTUB 运行所需的数据。假如有其他方法获得数据，BATHTUB 程序也可以独立运行。模型污染物控制路径如图 5-6 所示。

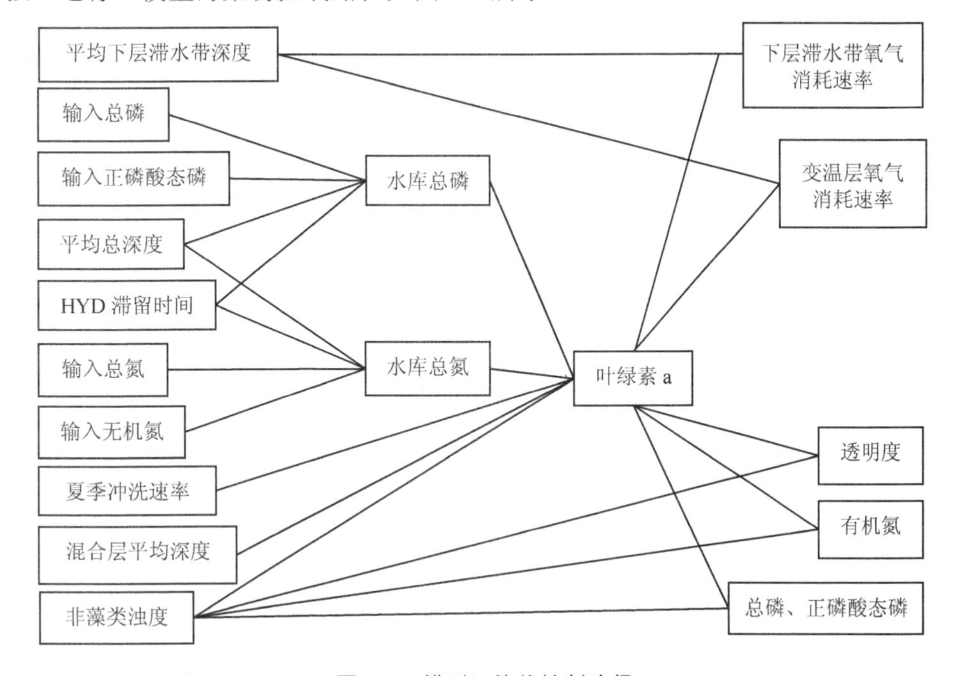

图 5-6　模型污染物控制路径

该模型的运行步骤：第一步应用 FLUX 进行流域数据削减；第二步利用 PROFILE 进行水库数据削减；第三步应用 BATHTUB 预测营养物浓度；第四步以预测的浓度表征富营养化状况。

5.2.3　于桥水库富营养化预测模型构建

根据于桥水库雨量站的记录，于桥水库年均降水量 748.5 mm。对降水中的营养盐浓度分析结果表明，降水中总氮浓度为 2.1 mg/L，磷的浓度低于检出限，其浓度以检出限的一半计算，即 0.005 mg/L。

（1）数据获取及输入见表 5-10，BATHTUB 模型所需的数据主要包括地形数据、水文数据、大气负荷数据、支流负荷数据、水库水质数据、底质数据。数据经过计算处理后，即可分为水库全局数据、水库分区数据和支流数据输入 BATHTUB 模型。

表 5-10　BATHTUB 模型输入数据（参数）汇总表

参数分类	参数名称	所需条件	备注
地形数据	水库流域面积	DEM 图	流域基础信息
	支流流域面积	DEM 图	
水文数据	降水量	历史资料和监测数据（最好是日降雨量）	模拟水量平衡
	蒸发量	历史资料和监测数据（年均值）	
	水库水位变化	历史资料和监测数据（水库各月水位）	
	支流流量	历史资料和监测数据（最好是日流量）	
大气负荷数据	总磷	年均值	模拟大气引起的外部负荷，包括干沉降和湿沉降
	总氮	年均值	
	正磷酸态磷	年均值	
	无机氮	年均值	
支流负荷数据	总磷	监测数据（至少每月一次）	模拟支流引起的外部负荷
	正磷酸态磷	监测数据（至少每月一次）	
	总氮	监测数据（至少每月一次）	
	无机氮	监测数据（至少每月一次）	
水库水质数据	非藻类浊度	监测数据（至少每月一次）	模拟、校正目标水体水质
	总磷	监测数据（至少每月一次）	
	总氮	监测数据（至少每月一次）	
	叶绿素 a	监测数据（至少每月一次）	
	透明度	监测数据（至少每月一次）	
	溶解氧	监测数据（至少每月一次）	
	有机氮	监测数据（至少每月一次）	
	正磷酸态磷	监测数据（至少每月一次）	
	下层水力滞留带氧消耗	实测或根据公式计算	
	变温层氧消耗	实测或根据公式计算	
底质数据	底质释放 N/P 量	实验室实验确定	模拟底泥引起的内部负荷

本书考虑于桥水库的地形以及支流分布情况，不再对于桥水库进行更详细的区段划分（segment），而将其作为一个整体进行模拟。通过对支流流量数据的计算，水库水力滞留时间相对长，故平均期选择一年。本书中所需水质数据来自天津市环保局于桥水库及其上游河流，由于于桥水库蓄水存在水质波动，故选用 2014—2015 年均值数据进行 BATHTUB 模型的模拟研究（表 5-11）。

表 5-11　BATHTUB 模型输入水库数据表

英文名	中文说明	
Global Variables	全局变量	平均值
Averaging Period/a	平均期/a	1
Precipitation/m	降雨量/m	0.634 2
Evaporation/m	蒸发量/m	1.011
Atmos Loads/[kg/（km^2·a）]	大气负荷/[kg/（km^2·a）]	平均值
Total P	总磷	30
Total N	总氮	1 000
Ortho P	正态磷	15
Inorganic N	无机氮	500
Reservoir Morphometry	水库地形数据	平均值
Surface Area/km^2	水面面积/km^2	86.8
Length/km	长度/km	30
Mean Depth/m	平均水深/m	4.6
Reservoir Water quality	水库水质数据	平均值
Non-Agal Turbidity	非藻类浊度	0.52
Total Phosphorus/（mg/m^3）	总磷	60
Total Nitrogen/（mg/m^3）	总氮	2 050
Chlorophyll-a/（mg/m^3）	叶绿素 a	20.1
Secchi Depth/m	透明度	0.88
Organic Nitrogen/（mg/m^3）	有机氮	776.01
Total P-Ortho P/（mg/m^3）	正磷酸态磷	30

英文名	中文说明	
Tributary sha	沙河支流数据	平均值
Total water area/km^2	流域面积	887
Flow rate/（hm^3/a）	流速	76.19
Total P/（mg/m^3）	总磷	179
Total N/（mg/m^3）	总氮	12 870
Ortho P/（mg/m^3）	正态磷	90
Inorganic N/（mg/m^3）	无机氮	9 970
Tributary li	黎河支流数据	平均值
Total water area/km^2	流域面积	448
Flow rate/（hm^3/a）	流速	539.3
Total P/（mg/m^3）	总磷	153
Total N/（mg/m^3）	总氮	5 910
Ortho P/（mg/m^3）	正态磷	76
Inorganic N/（mg/m^3）	无机氮	5 390
Tributary lin	淋河支流数据	平均值
Total water area/km^2	流域面积	252
Flow rate/（hm^3/a）	流速	51.24
Total P/（mg/m^3）	总磷	66
Total N/（mg/m^3）	总氮	20 400
Ortho P/（mg/m^3）	正态磷	33
Inorganic N/（mg/m^3）	无机氮	18 150
Export Coefficients	出水数据	平均值
Run off/（m/a）	出水	587
Total P/（mg/m^3）	总磷	82
Total N/（mg/m^3）	总氮	1 690
Ortho P/（mg/m^3）	正态磷	41
Inorganic N/（mg/m^3）	无机氮	1 290

点击运行 BATHTUB 模型程序后，进入模型主界面，通过“Edit”按键，即可进入数据输入界面，将各类数据分别输入模型。图 5-7 为 BATHTUB 模型的各输入界面，分别为全局数据、分区数据、支流数据输入界面。

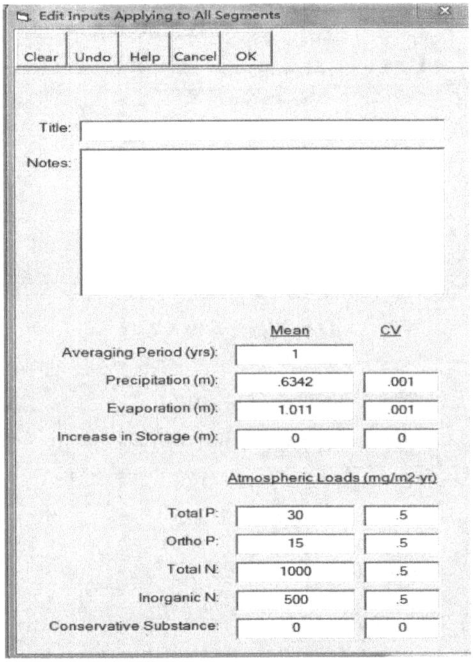

（a）全局参数输入界面

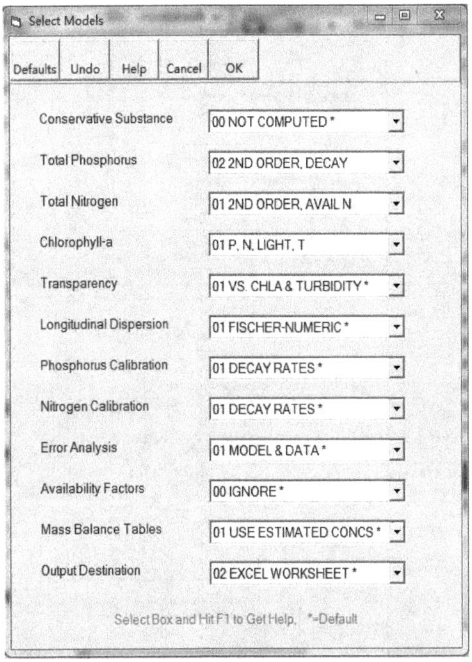

（b）模型选择界面

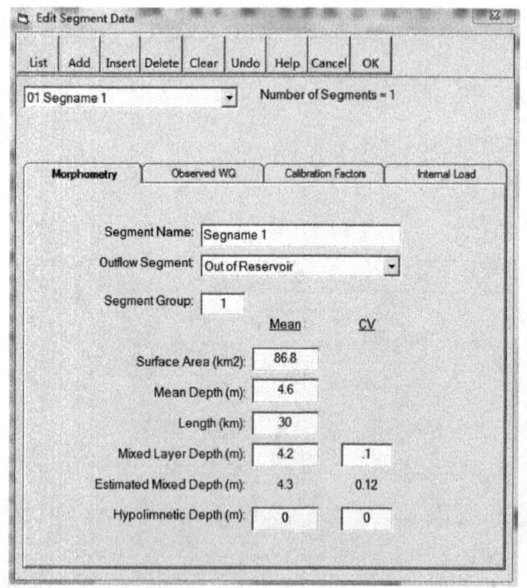

Edit Segment Data
List
Add
Insert
Delete
Clear
Undo
Help
Cancel
OK
01 Segname 1
Number of Segments = 1
Morphometry
Observed WQ
Calibration Factors
Internal Load
Segment Name:
Segname 1
Outflow Segment:
Out of Reservoir
Segment Group:
1
Mean
CV
Surface Area (km2):
86.8
Mean Depth (m):
4.6
Length (km):
30
Mixed Layer Depth (m):
4.2
.1
Estimated Mixed Depth (m):
4.3
0.12
Hypolimnetic Depth (m):
0
0

（c）水库基础数据输入界面

Edit Segment Data
List
Add
Insert
Delete
Clear
Undo
Help
Cancel
OK
01 Segname 1
Number of Segments = 1
Morphometry
Observed WQ
Calibration Factors
Internal Load
Mean
CV
Non-Agal Turbidity (1/m):
.52
1
Turbidity Est. From Ch-a + Secchi (1/m):
0.63
0.02
Total Phosphorus (ppb):
60
.01
Total Nitrogen (ppb):
2050
.01
Chorophyll-a (ppb):
20.1
.01
Secchi Depth (m):
.88
.01
Organic Nitrogen (ppb):
776
.01
Total P - Ortho P (ppb):
30
0
Hypolimnetic O2 Depletion (ppb/day):
0
0
Metalimnetic O2 Depletion (ppb/day):
0
0
Conservative Substance (ppb):
0
0

（d）水库质参数输入界面

Edit Tributary Data
List
Add
Insert
Delete
Clear
Undo
Help
Cancel
OK
00 Trib sha
Number of Tributaries = 4
Monitored Inputs
Land Uses
Tributary Name:
Trib sha
Segment:
01 Segname 1
Tributary Type:
01 Monitored Inflow
Mean
CV
Total Watershed Area (km2):
887
Flow Rate (hm3/yr):
76.19
.01
Total P Conc (ppb):
179
1
Ortho P Conc (ppb):
90
1
Total N Conc (ppb):
12870
1
Inorganic N Conc (ppb):
9970
1
Conservative Subst. Conc (ppb):
0
0

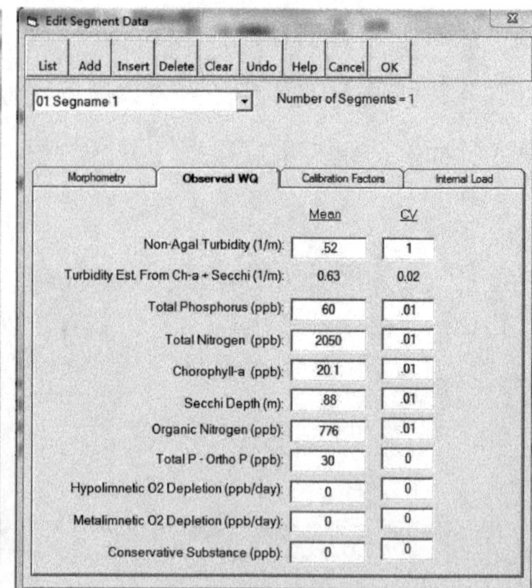

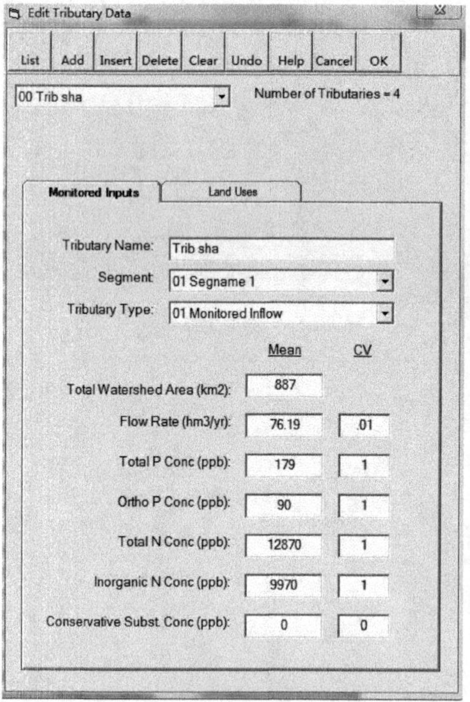

（e）沙河参数输入界面

Edit Tributary Data
List
Add
Insert
Delete
Clear
Undo
Help
Cancel
OK
02 Trib 2
Number of Tributaries = 4
Monitored Inputs
Land Uses
Tributary Name:
Trib li
Segment:
01 Segname 1
Tributary Type:
01 Monitored Inflow
Mean
CV
Total Watershed Area (km2):
448
Flow Rate (hm3/yr):
539.3
.1
Total P Conc (ppb):
153
.1
Ortho P Conc (ppb):
76
.1
Total N Conc (ppb):
5910
1
Inorganic N Conc (ppb):
5390
1
Conservative Subst. Conc (ppb):
0
0

（f）黎河参数输入界面

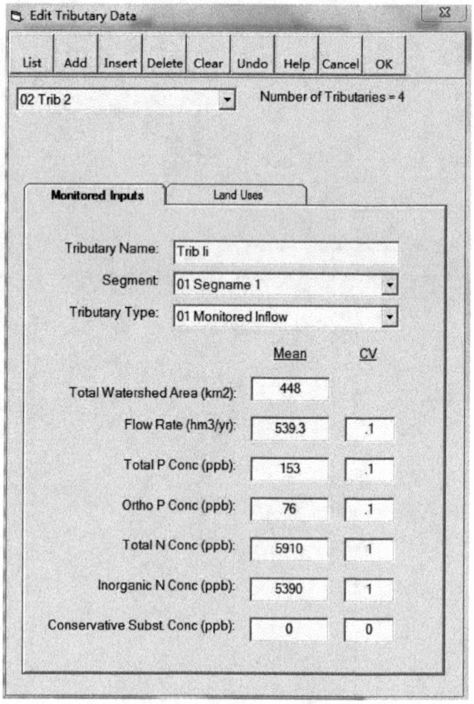

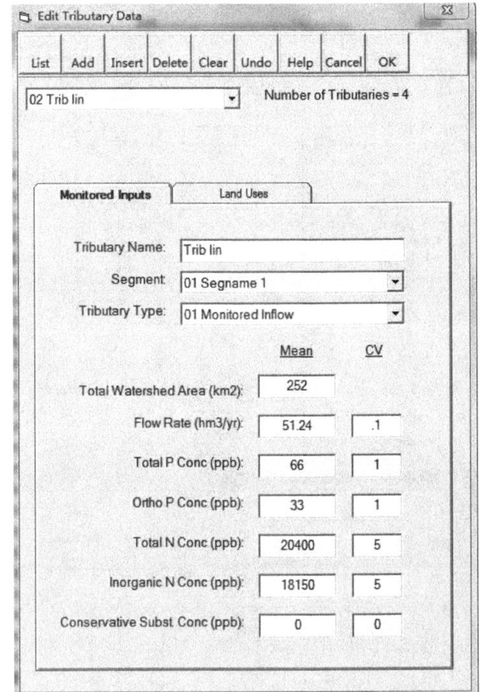

（g）淋河参数输入界面

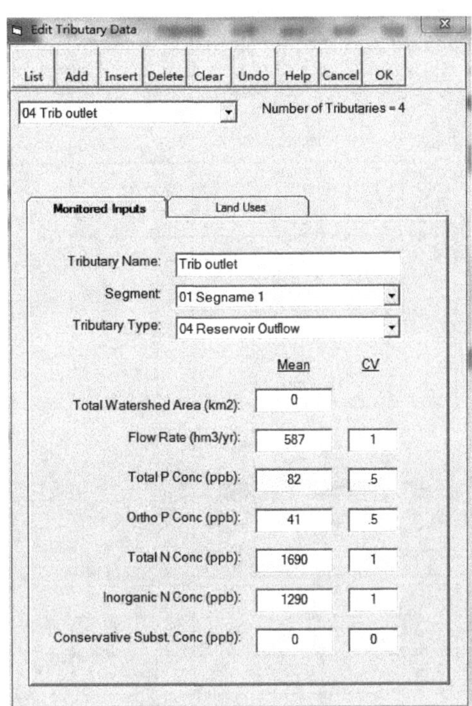

（h）水库流出河流参数输入界面

图 5-7　BATHTUB 模型选择和输入界面

（2）模型校准及验证。模型数据输入之后，即可进行子模型的选择及参数确定，之后对模型进行校准及验证。总磷采用子模型 2 2ND ORDER.DECAY；总氮采用子模型 1 2ND ORDER. AVAIL N；叶绿素 a 采用子模型 1 P.N.LIGHT.T。

（3）模拟效果。对比模拟结果与监测结果（图 5-8）可知：总氮年均浓度为 2 095 mg/m^3，而监测得到的实际值为 2 050 mg/m^3；总磷年均浓度为 63 mg/m^3，而监测得到的实际值为 60 mg/m^3；叶绿素 a 年均浓度为 22 mg/m^3，而监测到的实际值为 20.1 μg/L；透明度为 0.9 m，而检测值为 0.88 m。

平均预测误差 TN 为 2%、TP 为 5%、叶绿素 a 为 9%，透明度为 2%，由此可以看出，BATHTUB 模拟效果较好。

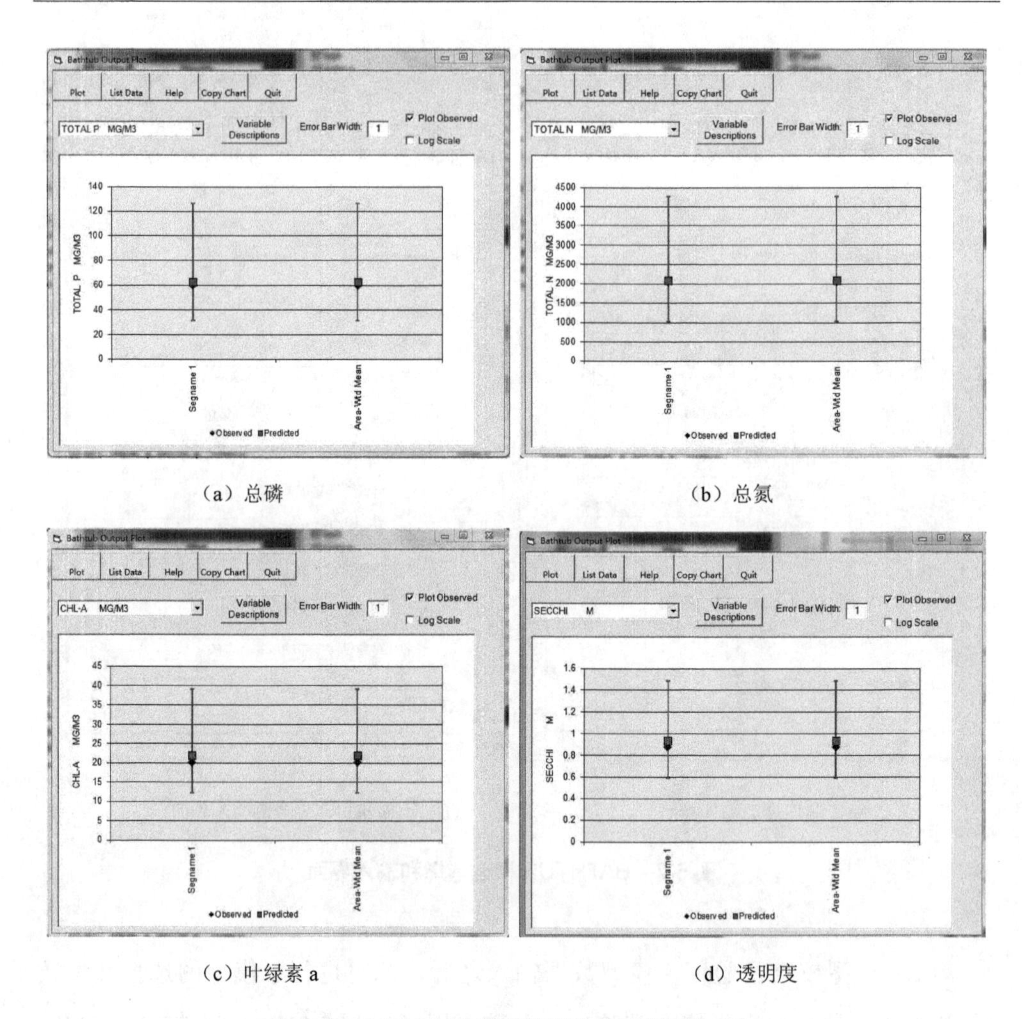

（a）总磷　　（b）总氮

（c）叶绿素 a　　（d）透明度

图 5-8 BATHTUB 模型模拟结果与实测值对比

5.3 于桥水库不同治理方法效果比对

根据营养盐入库负荷，核算氮磷的入库浓度。采用 BATHTUB 软件进行模拟，不同的管理措施水环境质量变化结果见表 5-12。

表 5-12　基于 BATHTUB 模型的不同管理措施效果预测

预测结果		总磷/（mg/m³）	总氮/（mg/m³）	叶绿素 a /（mg/m³）	透明度/m
不采取措施		63	2 095	22	0.9
单一 BMPs	生态移民	51	1 836	19	1.0
	耕地施肥管理	59	2 043	21	1.0
	人畜粪便管理	53	1 919	19	1.0
	库东湿地	59	2 056	21	1.0
	点源管理	58	2 060	21	1.0
综合 BMPs		39	1 585	15	1.1

从预测结果上看，所有的方法都能从一定程度上降低于桥水库营养盐环境质量，其中单一方法以生态移民的效果最优。综合 BMPs 的效果优于所有单一 BMPs。

第 6 章　于桥水库流域生态补偿效益评估

流域生态补偿具有较强的外部经济性，其产生的环境效益、社会效益因其不具有市场价值而难以量化。然而，论证流域生态补偿的经济可行性和实施效果，这些效益的货币价值评价是不可或缺的。根据经济理论采用基于市场关联假设的经济评估法，把非市场效益和市场效益组合起来考虑，对流域生态补偿的环境效益、经济效益和社会效益实现全方位的评估，有助于形成流域生态补偿方案的决策和流域生态补偿项目高效和可持续的开展。

6.1　于桥水库流域生态补偿效益预测

流域生态补偿有助于解决流域上下游之间的水资源矛盾，改善整个流域的水环境质量状况，可以产生较高的环境效益、经济效益和社会效益。

6.1.1　于桥水库流域生态补偿效益

方案实施后，对改善水环境的效果主要表现在两个方面：一是生态系统功能增强；二是污染物量削减。

1．生态系统功能增强

生态系统功能增强主要体现在：通过流域生态补偿，上游生态环境保护的积极性有所提高，会开展相应的植树造林、面源治理和河网整治等工程，降低污染物的排放量，提升生态系统对污染物的吸收分解净化能力，提高流域水环境容量

（纳污能力）。

通过实施湿地保护与修复、生态林建设、水体生态修复、生态拦截、沿河整治工程等生态修复措施，可恢复和重建水生生态系统，有效提高水源涵养能力、生物多样性的保育能力、气候调节能力、大气净化能力等。

于桥水库生态补偿计划实施后，将有效地降低入库河流的营养负荷，从而降低于桥水库的总氮和总磷浓度，降低于桥水库的富营养化水平，有助于抑制蓝藻暴发，保护水库物种的多样性。

2．污染物量削减

流域生态补偿支持的工程可分为两类：一是消除污染源；二是提高污染物削减能力。通过关停重污染企业、测土配方、拆除网箱等措施消除污染源。PLOAD 模型预测结果显示，采用的包括点源管理、人畜粪便管理、生态移民等方式都可以削减污染源。而建立库周湿地、污水处理厂、沿河绿化带等则可以大力提高污染物的削减能力，最终实现污染物量的削减。

6.1.2　于桥水库流域生态补偿的经济效益

流域生态补偿的经济效益主要体现在项目投入和产出之间的差值。从整个流域看，投入是各种项目的投资（如测土配方、滴灌、建立污水处理厂等）以及保护过程中损失的机会成本。而产出则包括饮用水安全、动植物产品等。从流域上下游看，流域上游的经济效益是流域补偿的收益（经济补偿和经济收入）扣除流域生态环境保护成本（包括资金投入和损失的机会成本）；流域下游的经济效益是流域收益扣除生态补偿款。流域上下游的经济效益可以通过博弈的方法达成共识。

6.1.3　于桥水库流域生态补偿的社会效益

于桥水库流域水环境综合治理对于全面建设小康社会，保护天津市饮用水水源地安全具有重要作用，社会效益十分显著。

1. 保障饮用水安全，有利于维护城乡社会稳定

流域生态补偿方案的实施，将有助于天津市饮用水达到《生活饮用水卫生标准》（GB 5749—2006），保障群众饮用水安全，使人们的生活、生产条件得到改善，对构建和谐社会、保障城乡社会稳定起到重要作用。

2. 加快产业优化升级，促进节水减污

"谁污染、谁治理"的原则实际上是增加了排污企业的实际成本，倒逼地区产业结构调整，"关停并转"高污染的工业企业，发展高新技术产业，促进产业优化升级，加大工业废水治理力度，形成结构优化、节水减污、保护环境的生态和经济社会协调发展的局面。

3. 完善城镇治污基础设施，有利于社会经济持续发展

规划实施后，于桥水库流域居民可以利用补偿资金改善区域污水处理设施和垃圾处理设施。这样可以大大减少点源污染，有助于实现污染物总量控制目标，有利于社会经济发展。

4. 加强农村综合治理，有利于推进社会主义新农村建设

开展流域生态补偿将促进于桥水库流域主要面源污染（化肥、农药、农村生活垃圾等）的治理与修复。通过种植业结构调整、农药化肥减施和农药替代工程，推动绿色有机农业的发展，提高农产品品质，增加农民收入；通过农村污水处理、沼气工程和有机肥料使用，发展循环农业；通过垃圾收集、储运、处理系统的建设，彻底改变农村人居环境。上述措施将有力推进社会主义新农村建设。

5. 积累经验，为跨省流域治理起到示范作用

于桥水库流域属于典型的跨省流域，地处京津冀经济圈，人口密集，工农业发达，污染严重，生态退化，水环境治理过程复杂、难度大。流域生态补偿方法和机制在于桥水库流域的成功实施，将为其他跨省流域水环境治理起到示范作用。

6. 有利于促进和谐社会发展

生态环境保护的外部性特征会导致流域上下游之间的社会矛盾。本方案的实

施，可以使上游居民在环境保护中的投入得到合理的补偿，提高上游保护环境的积极性；使于桥水库流域水环境质量从根本上得以改善，天津市居民的饮用水安全和库区的生态安全得到强有力保障，党和政府在群众中的威信将进一步提高，对于促进社会稳定和构建和谐社会具有重要作用。

6.2　生态补偿方案实施效益评估

6.2.1　生态补偿效益评估的重要性

效益是管理的根本目标，管理就是对最佳管理效益的不断追求，保障生态环境补偿效益是生态补偿项目可持续开展的重要手段。生态补偿效益评估主要在两个方面发挥作用：一方面，在流域生态补偿方案的决策时期开展预评估，分析补偿方案的可行性，选择最佳流域生态补偿方案。生态补偿项目的可行性是要求以全面、系统的分析为主要方法，以环境效益为核心，兼顾社会效益和经济效益，运用大量的数据资料论证拟建项目是否可行，以实现对项目的把关和多方案项目的方案遴选。另一方面，在流域生态补偿实施过程中开展评估，加强流域环境治理监管，及时调整生态补偿策略，是监管的重要抓手。王金南等（2006）在探讨中国生态补偿框架及政策效果评价时指出，监管不严导致生态补偿资金在收取和使用上存在很大漏洞，是生态保护效果与预期差别较大的重要原因；李国平等（2013）认为监管机制不健全是国家重点生态功能区生态补偿绩效低下的主要原因之一。建立可操作性强的生态补偿效果评估机制，有助于加强生态补偿监管、避免生态补偿成为“豆腐渣”工程，对生态补偿项目的可持续进行具有重要的意义。

6.2.2　流域生态补偿效益评价方法建立原则

1．政策性原则

流域生态补偿效益评价要体现国家和地区的方针、政策和法律要求，而其评价结果也为将来流域补偿方法的调整和政策的制定提供依据和参考。

2．综合性原则

流域生态补偿的核算需要从经济、社会和环境三个角度综合考虑。流域生态补偿不仅要达到流域水环境的改善，达到水环境质量要求，还要经济上可行，并能为流域内群众所理解和接受。因此，其所提供的信息不仅包括生态环境信息，还应该包括经济性和社会性的相关信息。

3．统一性原则

流域生态补偿是自然生态效益、经济效益和社会效益的对立统一，构成一个多指标、多参数的动态计量系统工程。既要以流域生态环境效益为基础，又要尽可能囊括流域补偿的社会功能和经济功能的方方面面；既要有统一的计量系数，又要兼顾不同时空的差异；既要坚持计量的精确性，又要注重计量的合理性。

4．预警性原则

流域生态补偿效益核算体系要反映不同方法的生态补偿效果的优劣，其结果要能预测环境资源的现状和变化的方向、程度，预先发现生态补偿对流域环境的影响并起到预警作用。

6.2.3 生态补偿方案效益评估方法

相关学者已经开始探索建立生态补偿政策效益评估方法。生态补偿实施效果评价是生态补偿管理中的一个重要环节，不管评价主体针对评价对象采取什么样的评价方法，评价的目的都是通过对评价结果的综合运用，规范生态补偿资金的使用管理，作为下年度生态补偿金额发放的依据和处罚依据，最终推动生态补偿的实施并为森林资源的保护发挥更有效的作用。关于生态补偿效益的评估，从政策评价方法的侧重点不同，可以分为基于实施前后效果比较的对比分析法和基于当前效果的实地调研法，且已经有学者应用到案例当中。于鲁冀等（2013）采用前后效果对比法对河南省水环境生态补偿政策实施前后水环境质量的变化情况进行评价，从而分析水环境生态补偿实施所产生的环境效果。通过对实地调研所搜集的资料进行总结，综合分析生态补偿政策的实施效果，通过对各地级市生态补偿实施情况的调查，能够了解到生态补偿政策实施产生的真实效果。福建省在晋江流域的生态补偿实践中，为确保生态补偿资金落实到位，确实改善晋江、洛阳江流域水环境质量，泉州市政府建立了两江流域上游地区县域、区域之间的水环境质量检测和考核工作体制，上游的区县应确保县域、区域交接断面水环境质量达到水环境功能区划目标。岳思羽（2012）本着全面性、科学性、系统性、可操作性和导向性原则，选取经济社会发展、水源涵养和水资源节约、环境污染治理、环境监管能力建设 4 个方面共 28 项指标，构成汉江流域生态补偿效益评价指标体系，并采用层次分析法对评价指标体系进行权重分析。谭映宇（2012）探索建立定量化的生态补偿效益评价方法，对生态补偿政策给生态环境及区域经济带来的影响进行科学评价，较准确地评价出生态补偿政策的实施效果。

尽管不同研究在生态补偿的评估过程中应用到多种不同的评价因子，但总体来说是基于 3 个方面的考虑，即生态环境效益、社会效益和经济效益。具体的评价内容见表 6-1。

表 6-1　生态补偿效益评价内容

评价	评价内容
生态环境效益	涵养水源收益，净化空气收益、固碳制氧收益，水土保持收益，土壤保肥收益，防风固沙收益，气候调节功能收益，生物多样性收益，生态系统可持续性收益等
经济效益	农林牧渔产业收益，生态旅游效益，产业结构调整收益，产业带动作用，提供就业岗位数量，当地政府补偿资金投入规模等
社会效益	政策影响度，政策普及度，居民环保意识，政策支持度，历史文化传播，健康效益等

不同于经济效益，生态环境效益和社会效益存在定性指标，因此，如何量化这些定性指标，是效益核算的重点和难点。

1．生态环境效益

补偿效益与流域生态补偿的目的息息相关，但由于环境保护存在外部性，在补偿过程中可能会产生其他环境效益。流域生态补偿过程中的生态环境效益是通过改变环境类型和提升环境质量来实现的。不同的生态环境存在不同的生态系统价值，当生态系统价值低的环境类型转变成环境价值高的环境类型时，其服务价值就提高了，也就产生了生态环境效益。通过其他途径（如建立污水处理厂、关停周边排污企业等）也可以产生生态环境效益，这种途径也可以提升生态系统的生物多样性和环境美感，可以通过核算这些工程的成本计算生态系统服务的环境效益。

2．经济效益

经济效益分析引用传统经济学常用经济效益分析方法：费用—效益法。费用—效益分析是鉴别和度量一个项目总体效益的一种系统方法。流域生态补偿项目的经济效益是实施生态补偿后整个流域所获得的经济效益与补偿投入之间的差值。其中投入包括固定资产投入、资源投入、环境治理费用和居民补偿费用等。而其经济收益包括水资源供给、食品供给、林木等其他资源供给、污染处理等。目前经济效益分析采用的主要方法还有市场价值法、机会成本法、恢复与防护费用法、影子工程法、调查评价法等。将建设项目产生的直接和间接、定量和不定量的各种影响列于分析范围内，通过分析计算用于控制污染所需的投资费用、环境经济指标等，估算可能收到的环境与经济实效。

3．社会效益

社会效益是指流域生态补偿项目实施为社会所做的贡献。社会效益评价是追求国民福利最大化的需要，是财政与税收等政策的必要补充，是解决投资资金短缺问题的需要和经济区域布局合理化的要求。目前生态补偿社会效益评估案例较少，是通过建立政策影响度、政策普及度、居民环保意识和政策支持度指标，经过层次分析法实现。其他项目的社会效益评估案例可提供参考，多运用层次分析法及统计分析方法来进行评估。社会效益的核算方法包括文献研究法、问卷调查法、层次分析法、统计分析方法。

6.3　于桥水库流域生态补偿方案实施效益评估方法

要保障于桥水库流域生态补偿的可持续性，就要实现补偿整体的经济合理性。不同的生态补偿方法资金投入（包括在该流域开展流域整治、科研项目的资金投入）总量和投放形式有所差别，其产生的生态环境效益、经济效益和社会效益可能有所差别。

6.3.1　于桥水库流域生态补偿效益核算模型建立

为核算于桥水库流域生态补偿效益，建立于桥水库流域生态效益评价模型，模型共分为三层，见表 6-2。

表 6-2　生态补偿效益评价模型

<table>
<tr><th>一级类型</th><th>二级类型</th><th>三级类型</th></tr>
<tr><td rowspan="3">生态环境效益</td><td>水环境改善效益</td><td>水质改善</td></tr>
<tr><td rowspan="2">其他生态功能效益</td><td>调节服务</td></tr>
<tr><td>支持服务</td></tr>
<tr><td rowspan="4">经济效益</td><td rowspan="2">经济增加</td><td>农、林、牧、渔产业增收</td></tr>
<tr><td>生态旅游产业增收</td></tr>
<tr><td>经济转型</td><td>产业结构调整收益</td></tr>
<tr><td>政府补偿</td><td>政府补偿资金投入</td></tr>
<tr><td rowspan="6">社会效益</td><td rowspan="2">文化效益</td><td>文化传播</td></tr>
<tr><td>环境美化</td></tr>
<tr><td rowspan="4">政策效益</td><td>政策影响度</td></tr>
<tr><td>政策普及度</td></tr>
<tr><td>居民环保意识</td></tr>
<tr><td>政策支持度</td></tr>
</table>

1. 生态环境效益

于桥水库流域生态补偿过程中通过改变环境类型和提升环境质量来实现生态环境的改善，产生的效益包括水环境改善效益和其他生态功能效益。

1）水环境改善效益

于桥水库流域生态环境保护有利于保障于桥水库水源地安全。水环境改善效益可以利用影子工程法来实现，即假设利用污水处理厂替代生态系统完成流域水质净化，计算达到同样水质改善程度所需的污水处理费用。

2）其他生态功能效益

生态环境效益是指除了水环境改善以外的环境效益，包括流域生态系统的调节服务和支持服务功能。于桥水库环境保护可以通过湿地建设、建立河岸绿化带、退耕还林等措施，结合地表覆盖的变化，可以核算出调节服务、支持服务、美学服务功能的价值，见表 6-3。

表 6-3 不同生态系统单位面积生态环境效益 单位：元/hm^2

二级类型	三级类型	森林	草地	农田	湿地	河流-湖泊	荒漠
调节服务	气体调节	1 940.11	673.65	323.35	1 082.33	229.04	26.95
	气候调节	1 827.84	700.60	435.63	6 085.31	925.15	58.38
	水文调节	1 836.82	682.63	345.81	6 035.90	8 429.61	31.44
支持服务	保持土壤	1 805.38	1 005.98	660.18	893.71	184.13	76.35
	维持生物多样性	2 025.44	839.82	458.08	1 657.18	1 540.41	179.64
美学服务	美化环境	934.13	390.72	76.35	2 106.28	1 994.00	107.78

2. 经济效益

流域生态补偿要实现整体的经济合理性，一方面保障了上游的经济损失得以补偿；另一方面下游也可以达到预期的环保目的。流域的经济效益包括经济增加收益（农林牧渔产业收益、生态旅游效益）、经济转型收益（包括产业结构调整收益）和政府补偿收益（包括政府补偿资金投入）。

1）农业牧渔产业收益

流域生态补偿还可以提高生态系统的供给服务功能。这部分功能可以从地表覆盖改变计算出来（表 6-4）。

表 6-4　中国不同生态系统单位面积生态服务价值　单位：元/hm²

一级类型	二级类型	森林	草地	农田	湿地	河流/湖泊	荒漠
供给服务	食物生产	148.20	193.11	449.10	161.68	238.02	8.98
	原材料生产	1 338.32	161.68	175.15	107.78	157.19	17.96

2）生态旅游效益

流域生态环境改善后，地区的旅游收入将有所增加。区域旅游收入=旅游人口数量×（人均食宿消费+人均购买物品消费）。

3）产业结构调整效益

在流域生态补偿过程中，涉及上下游产业结构的调整。一方面，上游的一些污染相关企业会被关闭，而一些环保产业会应运而生。另一方面，下游随着水环境的改善，也可以引入一些对水质要求较高的产业。产业调整效益可以通过产品产值来计算。

3. 社会效益

流域生态补偿的社会效益包括文化效益和政策效益。社会效益可以通过支付意愿来反映。支付意愿可以采用调查问卷的形式，通过核算于桥水库流域居民对流域环保的投入意愿来衡量。

6.3.2　于桥水库流域生态补偿投入产出核算

于桥水库生态效益补偿方法种类较多。预测显示，除综合补偿外，以库周生态移民的效果最好，库东湿地和点源管理效果虽略差，但更易于执行。多种方式综合补偿的方法效果最佳，在现实中几种补偿方法联用的模式也较为常见。但由于综合补偿难以厘清不同方法的效果，因此本章将核算单一方法的投入。

6.3.2.1 于桥水库流域生态补偿投入核算

于桥水库流域生态补偿的投入包括一次性投入和每年的投入。

1. 库周生态移民

生态移民是于桥水库流域效果较好的一项工程。生态移民面积 21.94 km^2，涉及 140 余个村庄。根据 2011 年发布的《蓟县新城规划区占地村及于桥水库库区村搬迁补偿办法》及《天津市人民政府关于调整天津市征地区片综合地价标准的通知》（津政发〔2014〕20 号），拆迁的居民可领取房屋补偿资金（表 6-5），并获取等面积的安置房。

目前已完成的于桥水库一期拆迁工程拆迁完成 85 个村，涉及 56 495 人，共计 17 036 户。按照该比例，则 140 个村庄涉及人口约 10 万人，涉及户数约 30 000 户。若以蓟州区户均宅基地不超过 200 m^2，则总补偿面积约为 200×30 000=6 000 000 m^2。

假设每平方米补助 1 000 元，则补偿的总额为 1 000（元/m^2）×6 000 000 m^2=600 000 万元。

表 6-5 蓟州区生态移民拆迁直接经济投入 单位：元/m^2

项目	单项投资
住房补助	1 000
装修补助	200
畜禽圈舍	500
青苗补助（玉米豆类）	1 250
青苗补助（小麦）	1 350

2013 年起对蓟县于桥水库 22 m 高程以下（警戒区）实施封闭管理，对库区周边 77 个行政村实施文明生态村建设工程，市财政对库区受影响群众的现有农耕地、鱼池用地、林业用地通过“以粮定补”方式三年内每年给予 8 000 万元补偿，对清除鱼池给予一次性补偿 5 000 万元。

根据《蓟县人民政府办公室关于转发县库区办县财政局拟定的于桥水库水源保护工程生态补偿专项资金管理办法的通知》（蓟政办发〔2016〕40 号），移民区域土地需要平整、原有地表建筑需要破拆，树木种植费用为 1 100 元/亩[①]。

$$21.94\ \text{km}^2\times1\ 000\ 000\div666.67\times1\ 100\ 元/亩=3\ 620.1\ 万元$$

为改善移民的知识水平和就业技能，蓟州区需要开展相应的就业教育工作。假设 50%的人需要通过培训二次就业，如每人培训需 2 000 元，投入资金 10 000 万元。

由于移民的知识水平有限，就业成了一大难题，数据显示，57.6%移民搬迁到新家园后处于在家待业状态。调查结果显示移民搬迁到蓟州区新城后收入普遍较低，年家庭收入集中在 2 万～3 万元，31.4%的家庭收入低于 2 万元。为帮助移民改善生产生活条件，维护库区社会稳定，提高移民生活水平，对经核定登记符合政策规定的水库农村移民人口，按照每人每年 600 元标准发放移民补贴，发放年限为 20 年，每年发放补偿资金为 6 000 万元，总计 120 000 万元（表 6-6）。

表 6-6　蓟州区生态移民年一次性投资

项目	投资/万元
房屋拆迁	600 000
文明生态村建设工程	5 000
树木种植费用	3 620.1
就业教育	10 000
移民生活补助	120 000
总计	738 620.1

2. 库东湿地建设

库东湿地现有土地覆盖类型以农田为主，计划建设湿地面积 39.51 km^2，因此一次性青苗补助费用约：

$$1\ 300（元/亩）\times39.51\times1\ 500\ 亩=7\ 704.5\ 万元$$

人工湿地的修建成本中表流人工湿地建设投资费用为 150～400 元/m^2，潜流

① 1 亩=666.7 m^2。

人工湿地建设投资费用为 200～600 元/m^2。假设于桥水库库东湿地的建设投资为 200 元/m^2，则湿地建设投资约为 79.02 亿元。

库东湿地现有土地覆盖类型以农田为主。蓟州区农民人均土地面积约为 1.2 亩，故库东湿地建设涉及农民约 5 万人。假设 50%的人需要通过培训二次就业，如每人培训需 2 000 元，则投入资金 5 000 万元。

为帮助移民生活，按人均每年 600 元的标准补偿，补偿期限为 20 年，则每年补偿为 2 963.28 万元。一次性投入为 59 265.6 万元（表 6-7）。

表 6-7 蓟州区库东湿地建设一次性投资

项目	投资/万元
青苗补助费	7 704.5
湿地建设	790 200
教育培训费	29 000
移民生活补助	59 265.6
总计	886 170.1

3. 库周点源管理

点源管理需要提高污染企业对氮磷的处理能力，可能涉及行业企业的污染处理设施的升级和改造。调查显示，库周范围的 7 家污染企业主要从事的行业类别以牲畜屠宰、食品加工为主。目前仅有 2 家生猪屠宰厂（天津市蓟州区全发屠宰厂、天津市蓟州区景香屠宰厂）有涉水污染物排放，经过三格化粪池处理后达到农灌标准后，排入周边的坑塘、鱼塘。根据两家屠宰厂的生产利润状况和污水处理的投资，关停、迁移两家企业更为合理。天津市蓟州区全发屠宰厂、天津市蓟州区景香屠宰厂均为小型生猪屠宰厂，经营范围仅包括生猪屠宰。假设每家生猪屠宰厂补偿房屋和设备转移费用共计 200 万元，则一次性投资为 400 万元。

4. 于桥水库流域农村人畜粪便治理

需要改善农村环境，开展农村厕所改造工作，将粪便收集后对粪便进行减量化、无害化、资源化处理，将造成农业的面源污染物转变成农村有效资源，产生环境效益和经济效益。此外，美化的农村环境还可以提高人民群众的生活幸福感，降低包括血吸虫病在内的各种疾病，存在一定的社会效益。

140 个村庄涉及人口约 10 万人，涉及户数约 30 000 户。假设每户改造一个厕所，每个厕所需投入 5 000 元，则投入应为 1.5 亿元。若每户加装一个沼气池，国债项目、新乡村项目补助资金每池补助 2 200～2 400 元，则一次性补偿最高为 0.72 亿元。因而，于桥水库流域农村人畜粪便治理需投资 2.22 亿元。

5．于桥水库流域耕地施肥管理

要提高农村施肥效率，需要开展科学教育，指导农民采用精准施肥、调整施肥结构、改进施肥方式、有机肥替代等途径提高施肥效率，降低化肥使用量。我国农田土壤破碎化程度较高，大规模的滴灌、农机施肥等方式尚不普及，但近年来我国农田基础数据调查成果丰硕，因此可采取科学施肥的方法提高化肥利用率。

目前，我国已经基本完成了测土配方，数据通过互联网免费向公众开放，因此无须一次性投入。

6．小结

不同的方式投入资金量见表 6-8。

表 6-8　于桥水库不同治理方法投资

于桥水库治理方法	一次性投资/万元
生态移民	738 620.1
库东湿地	886 170.1
点源管理	400
人畜粪便管理	22 200
耕地施肥管理	0

6.3.2.2　生态环境效益

1．库周生态移民

库周移民将置换出土地 21.94 km^2，置换土地用于生态林的种植，因此将获得更多的生态环境效益（表 6-9）。

表 6-9 林地和农田单位面积生态环境效益 单位：元/hm²

一级类型	二级类型	林地	居住用地	林地-居住用地
调节服务	气体调节	1 940.11	0	1 940.11
	气候调节	1 827.84	0	1 827.84
	水文调节	1 836.82	0	1 836.82
支持服务	保持土壤	1 805.38	0	1 805.38
	维持生物多样性	2 025.44	0	2 025.44
美学服务	美化环境	934.13	0	934.13
总计		8 429.61	0	8 429.61

库周生态移民每年产生的生态效益为 8 429.61 元/hm^2 ×21.94 km^2 ×100 = 1 849.46 万元。

2. 库东湿地建设

库东湿地生态环境效益见表 6-10。

表 6-10 湿地和农田单位面积生态环境效益 单位：元/hm²

一级类型	二级类型	农田	湿地	湿地-农田
调节服务	气体调节	323.35	1 082.33	758.98
	气候调节	435.63	6 085.31	5 649.68
	水文调节	345.81	6 035.90	5 690.09
支持服务	保持土壤	660.18	893.71	233.53
	维持生物多样性	458.08	1 657.18	1 199.1
美学服务	美化环境	76.35	2 106.28	2 029.93
总计		2 299.4	17 860.71	15 561.31

库东湿地面积为 39.51 km^2，因而每年总生态效益为 15 561.31 元/hm^2×39.51 km^2×100= 6 148.27 万元。

3. 点源管理

点源管理是行政手段，周边土地利用并未发生变化。

4．于桥水库流域农村人畜粪便治理

于桥水库流域农村人畜粪便治理过程周边土地利用并未发生变化。

5．于桥水库流域耕地施肥管理

于桥水库流域耕地施肥管理过程周边土地利用并未发生变化。

6．小结

不同于桥水库治理方法的生态效益见表 6-11。

表 6-11　于桥水库不同治理方法的生态效益

于桥水库治理方法	生态效益/万元
生态移民	1 849.46
库东湿地	6 148.27
点源管理	—
人畜粪便管理	—
耕地施肥管理	—

6.3.2.3　经济效益

1．于桥水库库周居民搬迁

于桥水库库周居民搬迁后，将通过种植经济林实现水源涵养。这一方面消除了每年库周居民生产生活对水体的影响，经济林还可以产生一定的经济效益。因此于桥水库居民搬迁的经济效益主要由污水减排经济效益和经济林产品经济效益两方面组成。

1）污水减排

按照天津和河北污水处理价格，每吨总氮和总磷的处理价格约为 10 万元，则每年生态移民对水体修复的效益为 115.6 万元。

10 万元/t×（50 286.9−39 804.85）/1 000+10 万元/t×（3 873.1−2 789.81）1 000=115.6 万元。

2）经济林产出

经济林地约产生经济效益 2 000 元/亩。

$$2\,000 \text{ 元/亩} \times 21.94 \text{ km}^2 \times 1\,500 \text{ 亩/ km}^2 = 6\,582 \text{ 万元}$$

综上，库周居民搬迁产生的经济效益为 115.6+6 582=6 697.6 万元。

2．库东湿地效益核算

1）年度投入

为管理库东湿地，需要建立库东湿地管理处，并委派专人负责整个湿地的维护和修复工作。假设该管理处有职工 100 人，按照天津市平均工资 6 万元/人计，则该管理处工资费用需 600 万元。设定每年管理处的运行费用（包括办公经费、能源材料费用等）为 400 万元，则每年湿地运行费用为 1 000 万元。

2）年度收益

（1）水产品收益。

人工湿地维护主要是每年进行及时收割植物。于桥水库现有湿地产出植物主要有芦苇或水草（以菹草为主），每亩芦苇收获量约为 750 kg，每亩水草产量约为 300 kg。由于挺水植物芦苇具有耐污性强、易于成活、收益性高等特点，因此假设湿地种植植物为芦苇。假设人工湿地种植挺水植物为芦苇，现有于桥水库湿地芦苇产量约为 750 kg/亩。每吨芦苇收割费用约 100 元，每吨芦苇售价约 500 元，每亩纯收益为 0.75 t×（500 元–100 元）=300 元，年总收益为 1 777.95 万元，计算如下：

$$300 \text{ 元/亩} \times 39.51 \text{ km}^2 \times 1\,500 \text{ 亩/ km}^2 = 1\,777.95 \text{ 万元}$$

此外，湿地内部还可放养鱼类、贝类等水生生物。于桥水库库东湿地面积略大于白洋淀湿地。近年来白洋淀年捕捞鱼类、贝类、甲壳类等水产约 22 000 t（不包括人工鱼塘）。在不破坏湿地生态系统的情况下，假设库东湿地每年捕捞水产品 20 000 t，每千克水产品售价 8 元，则动物类水产品年收益为 16 000 万元。由于湿地放养鱼类基本不投加饵料和鱼药，扣除鱼苗、人工费、不可预见费等成本，则水产收益约为 10 000 万元，计算如下：

$$8 \text{ 元/ kg} \times 1\,000 \times 20\,000 \text{ t} = 16\,000 \text{ 万元}$$

（2）旅游收益。

2006 年白洋淀湿地接待游人 81 万人次，直接收入为 4 414 万元，旅游价值为

6 179.88 万元。2015 年天津市城市居民人均可支配收入 34 101 元，农村常住居民人均可支配收入 18 482 元；2006 年天津市城市居民人均可支配收入达到 14 283 元，农村居民人均纯收入 7 942 元，消费水平上涨约 1.35 倍。因此，库东湿地的旅游价值约为 14 500 万元。

按照天津市和河北省污水处理价格，每吨总氮和总磷的处理价格约为 10 万元，则每年生态移民对水体修复的效益为 10 万元/t×（50 286.9–49 453.35）/1 000+10 万元/t×（3 873.1–3 845.82）/1 000=8.61 万元。

每年经济收益为 1 777.95+10 000+14 500+8.61–1 000=25 292.35 万元。

3. 点源管理效益核算

点源管理主要是通过行政手段控制点源，降低污染排放。按照天津市和河北省污水处理价格，每吨总氮和总磷的处理价格约为 10 万元，则点源控制经济价值约为 10 万元/t×（50 286.9–49 630.28）/1 000+10 万元/t×（3 873.1–3 805.09）/1 000=7.24 万元。

点源控制的成本投入即为两家企业的机会成本。工商记录显示 2015 年天津市蓟县全发屠宰厂的年利润为 0.9 万元。若以两个屠宰厂每年利润 1 万元计，则点源控制的年成本为 2 万元。

因此，点源控制的年利润为 5.24 万元。

4. 于桥水库流域农村人畜粪便治理

治理费用为 10 万元/t×（50 286.9–43 871.79）/1 000+10 万元/t×（3 873.1–3 210.13）/1 000=70.78 万元。

人畜粪便治理还有助于减少农村疾病的发生，发挥节约能源等优势。但由于数据难以获取，本书未做统计。

5. 于桥水库流域耕地施肥管理

如果按照 140 个村庄，如采用集中培训，每年开展 2 次施肥培训，每次培训 2 天，每次培训需培训专业人员 2 人，每人每日培训费用 1 000 元计（包括差旅费和培训费），则每年培训费用为 112 万元。

研究表明，我国氮肥利用率仅为 30%～35%，磷肥利用率仅为 10%～20%，钾肥利用率仅为 35%～50%，未被利用的化肥养分通过径流的淋溶、反硝化、吸附和侵蚀等方式进入环境，从而污染水体。2011—2012 年，于桥水库的每亩化肥费约 120 元，如施肥管理后化肥削减 25%，则每亩可节约费用 30 元。于桥水库流域耕地面积为 801.75 km^2，于桥水库流域节约化肥 3 607.875 万元。

30 元/亩×801.75 km^2×1 500 亩/ km^2= 3 607.875 万元。

10 万元/t×（50 286.9–48 944.39）/1 000+10 万元/t×（3 873.1–3 779.58）/1 000=14.4 万元。

因此，耕地施肥管理的经济效益为 3 607.875+14.4–112=3 510.3 万元。

6．小结

不同于桥水库治理方法的经济效益见表 6-12。

表 6-12 不同于桥水库治理方法的经济效益

于桥水库治理方法	经济效益/万元
生态移民	6 697.6
库东湿地	25 292.35
点源管理	5.24
人畜粪便管理	70.78
耕地施肥管理	3 510.3

6.3.2.4 社会效益

本书采用支付意愿法调查于桥水库流域生态保护的社会效益。由于天津市是于桥水库流域环境保护的主要受益区，因此支付意愿调查问卷主要在天津市范围内发放。由于蓟州区部分地区属于于桥水库流域补偿区，因此该区与其他区域有所区别。调查问卷见表 6-13。

表 6-13　于桥水库流域生态保护支付意愿调查问卷

调查人群结构	1.居住地	蓟州区　天津（除蓟州区）
	2.年龄	20 岁以下　20～40 岁　40～60 岁　60 岁以上
	3.文化水平	初中及以下　高中　本科　研究生
	4.从事行业	环保行业　其他行业
	5.年收入	2 万元以下　2 万～5 万元　5 万～10 万元 10 万～15 万元　15 万～30 万元　30 万元以上
于桥水库流域生态保护支付意愿	6.您是否知道于桥水库	是　否
	7.是否了解于桥水库水变差了 （若 6 为否，此项不填报）	是　否
	8.认为于桥水库污染的主要原因是什么 （若 6 或 7 为否，此项不填报，可多选）	（ ）上游河北省供水污染 （ ）周边工业污染 （ ）周边农业污染 （ ）水库游船和农家乐等旅游业污染 （ ）周边居民生活污染
	9.于桥水库环境是否有必要治理 （若 6 或 7 为否，此项不填报）	是　否
	10.是否愿意为于桥水库流域改善投资 （若 9 为否，此项不填报）	是　否
	11.于桥水库流域治理支付意愿 （若 10 为否，此项不填报）	（ ）每年 50 元以下 （ ）每年 50～100 元 （ ）每年 100～200 元 （ ）每年 200～500 元 （ ）每年 500～1 000 元 （ ）每年 1 000～2 000 元 （ ）每年 2 000 元以上
	12.下列于桥水库治理方式请按支持排序	（ ）于桥水库库周居民搬迁（防止居民生产生活污水进入水库） （ ）于桥水库东侧建立湿地（自然界净化水质） （ ）限制于桥水库库周工业企业排污 （ ）降低于桥水库流域农业施肥量 （ ）建立厕所，处理人畜粪便

本次调查共发出了100份调查问卷，收回97份，有效问卷96份。其中蓟州区调查问卷发放30份，回收27份；除蓟州区以外的区县发放问卷70份，回收69份。调查人群结构如图6-1所示。

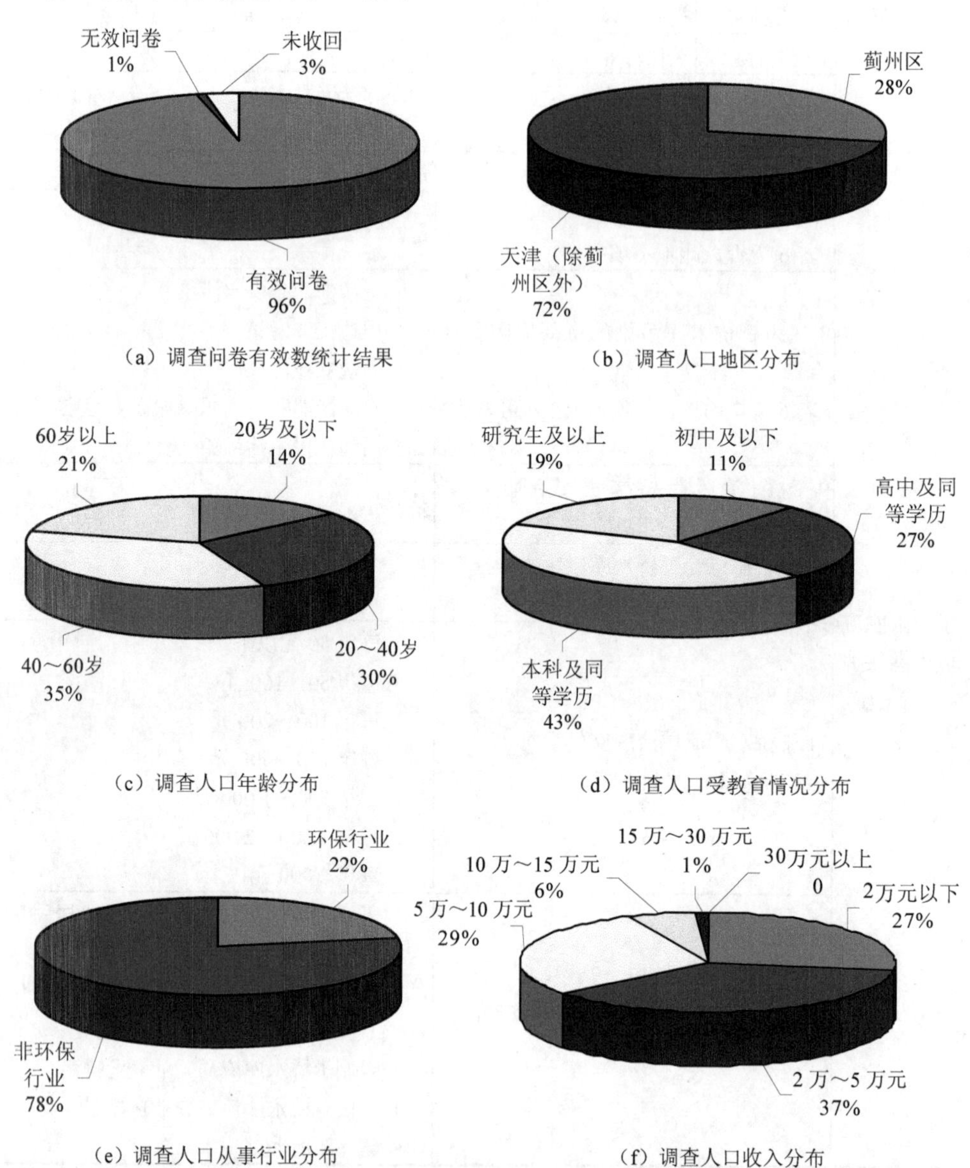

（a）调查问卷有效数统计结果

（b）调查人口地区分布

（c）调查人口年龄分布

（d）调查人口受教育情况分布

（e）调查人口从事行业分布

（f）调查人口收入分布

图6-1 于桥水库流域生态保护支付意愿调查人群结构

本次调查的 96 份有效问卷中，其中有 25 份问卷第 6 项选择否，说明有 25 个调查人并不了解于桥水库；有 13 份问卷第 7 项选择否，说明对于桥水库污染并不知情。即在天津市内不了解于桥水库及其污染情况的人数达到了总人数的 39.6%，不了解于桥水库的问卷主要出现在除蓟州区以外的天津市的区域，说明天津市政府对于桥水库饮用水水源地保护的宣传力度不足。市民对于桥水库的污染主要原因的推测，从高到低依次是周边农业污染、水库游船和农家乐等旅游业污染、上游河北省供水污染、周边工业污染、周边居民生活污染。了解于桥水库污染的 58 份问卷中，有 7 份认为污染无治理必要，有 12 人认为虽然有治理必要但不愿意为于桥水库治理付费（图 6-2）。

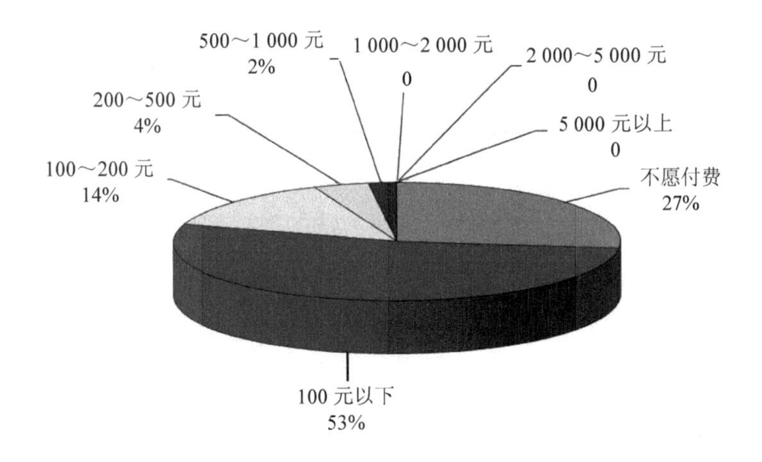

图 6-2　于桥水库流域生态保护支付意愿调查

假设对于桥水库及其污染不知情的群众支付意愿为 0，愿意支付的取支付资金的中位值，则天津市对于桥水库流域生态补偿的支付意愿约为人均 16.7 元。

$$(25\times24+100\times7+150\times2+350\times1)\div96=16.7\text{ 元}$$

天津市 2016 年人口为 1 562 万人，则每年为 26 033 万元。

天津市市民的支付意愿与天津市支付能力 8.578 亿元（见 4.2.7 节）相差较大。调查表明，不愿意支付的原因主要包括对于桥水库和污染状况不了解，认为于桥水库治理应为政府付费，认为于桥水库污染应由污染者付费，认为天津市自来水费中应已包含于桥水库污染物治理费用等。这说明于桥水库是天津市重要的饮用水水源地的宣传仍然不到位，水资源的重要价值也需要进一步的科普。

认为于桥水库需要修复的问卷对五种修复方法的支持率进行了排序，排位第一的得 5 分，排位第二的得 4 分，依此类推（表 6-14）。

表 6-14 于桥水库流域生态保护推荐方法调查表

项目	5 分	4 分	3 分	2 分	1 分	总分
生态移民	1	1	3	11	35	75
库东湿地	3	5	7	24	12	116
点源管理	21	18	10	2	0	211
人畜粪便管理	10	12	19	8	2	173
耕地施肥管理	16	15	12	6	2	190

从统计结果看，居民对于桥水库修复方法的支持度最高的是周边工业企业排污的管控，而最低的是库周居民搬迁。假定总的支付意愿支持以下五种流域保护方式，则于桥水库库周居民搬迁、于桥水库东侧建立湿地、限制于桥库周工业企业排污、于桥水库流域农村人畜粪便治理和于桥水库流域耕地施肥管理的社会效益分别为 2 552.3 万元、3 947.5 万元、7 180.3 万元、5 887.2 万元和 6 465.7 万元（表 6-15）。

表 6-15 于桥水库流域生态保护推荐方法效益核算表

治理方法	社会效益/（万元/年）
生态移民	2 552.3
库东湿地	3 947.5
点源管理	7 180.3
人畜粪便管理	5 887.2
耕地施肥管理	6 465.7

6.4 小结

对于桥水库生态补偿效益进行预估，有利于政府部门预先了解开展各项修复方法需要投入的资金，见表 6-16。

表 6-16　不同于桥水库治理方法经济效益　单位：万元

治理方法	一次性投资	年生态效益	年经济效益	年社会效益	效益总计
生态移民	738 620.1	1 849.46	6 697.6	2 552.3	11 099.36
库东湿地	886 170.1	6 148.27	25 292.35	3 947.5	35 388.12
点源管理	400	0	5.24	7 180.3	7 185.54
人畜粪便管理	22 200	0	70.78	5 887.2	5 957.98
耕地施肥管理	0	0	3 510.3	6 465.7	9 976

从表 6-16 可见，5 种方法中库东湿地、生态移民的一次性投资较高，对地区政府提出了较高的资金要求；这两种方法社会效益较低，说明大多数居民对这两种方法的支持度较低，这可能与中国传统中故土难离的文化有关；这两种方法的年效益总值较高，特别是库东湿地的建设。因此，从长久效果看，库东湿地和生态移民对流域所产生的效益最高。点源管理和耕地施肥管理的一次性投资较低，对地方政府的资金实力要求较低；这两种方法的社会效益较高，说明采用这两种方法改善于桥水库居民接受程度较高。因此，从流域长期健康发展来看，库东湿地和生态移民是最佳选择；但从短期上看，推动点源管理和耕地施肥管理是政府的首选。

第7章 于桥水库流域生态补偿建议

于桥水库流域生态补偿项目从立项至今已开展多年。在生态环境部、河北省和天津市的共同努力下，取得了一系列阶段性成果，但也存在一些问题。

7.1 于桥水库生态补偿研究阶段成果

于桥水库是典型的水库型饮用水水源地，也是天津市唯一的饮用水水源地，水质受上游河北地区和蓟州区影响较大。流域生态补偿是保障天津市饮用水安全，实现上下游协同发展的有效手段。为保障流域生态补偿切实有效地开展，天津市开展了于桥水库流域生态补偿机制和补偿方案的研究，取得了阶段性的成果。

（1）明确了于桥水库流域生态补偿的必要性。于桥水库是天津市重要的饮用水水源地，于桥水库水质条件变差对天津市的饮用水安全造成了极大的影响。改善于桥水库水质的方法较多，但这些方法需要牺牲流域上游和周边地区群众的利益，为保障上下游之间的发展公平，实现生态保护经济的外部性的内部化，就必须开展流域生态补偿。

（2）确定了于桥水库流域的补偿范围。根据于桥水库的地形地貌，划定了于桥水库 2 060 km^2 的汇水区，作为于桥水库流域的主要补偿范围。但是由于于桥水库的水主要是通过人工渠引入了潘家口-大黑汀水库的水，因此也可以通过水交易对上游潘家口-大黑汀水库的水进行补偿。

（3）明确了采用不同的治理方案的生态效益、经济效益和社会效益。本书对 5

种不同治理方案进行了研究，5 种方法对于桥水库的水环境均有改善，但不同方法的投资和效益有所差别。库东湿地、生态移民的一次性投资较高，但年效益总值较高，从流域长期健康发展来看是较好的选择。点源管理和耕地施肥管理的一次性投资较低，居民接受程度较高，因此推动点源管理和耕地施肥管理是政府的首选。

7.2　于桥水库生态补偿存在的问题

尽管于桥水库流域水环境补偿试点工作取得了阶段性成效，但于桥水库流域水环境保护是一项系统工程，具有长期性、艰巨性、复杂性、反复性特征，在流域综合治理过程中，还面临着一些困难与压力。

1．流域生态经济补偿科普不足

流域生态补偿是利用经济手段解决流域水资源问题的一种有效的方法，在国内外均有成功的案例。但由于流域生态经济补偿理念引入我国的时间较短，部分地区政府和群众对水资源的价值认识不足，因此对水资源保护的意识不强，参与流域水资源生态补偿的意愿不够，于桥水库上游和周边的保护动力不足。具体表现为：潘家口-大黑汀水库的网箱拆除举步维艰，部分地区网箱数量不减反增；河流两岸的洗矿企业虽然已经停产，但设备尚未拆除；于桥水库 22 m 高程虽然已经围网，但仍有少量村民违法从事荷花养殖、游船等项目；于桥水库水源地二级保护区内村庄的拆除和退耕还林进展缓慢；企业和社会团体参与于桥水库流域补偿的意愿较低，对于桥水库给水的自愿支付额度较低。

2．经济发展与环境保护的矛盾仍十分突出

目前流域上下游在人均 GDP、财政收入、城乡居民收入等经济指标上差距很大。出于水质保护的需要，于桥水库上游地区在“三高”企业关停并转、优化结构上付出了很大成本和代价，牺牲了工业发展机会；上游农业化肥、农药施用量有严格的限制，限制流域水产养殖，影响了地区农业的发展，直接影响了地区居民的就业和收入。目前试点资金量少且用途较窄，主要用于项目治理，对于渔民、

林农、生态移民等生态保护者直接补偿以及生产转型后的生活和就业安排仍然有限，上游群众脱贫致富的愿望极其强烈，加快发展与保护环境的矛盾依然存在。

3. 现有财力与投入难以长期保持已取得的阶段性成效

于桥水库水环境保护是一个长期的过程，现有单一的资金筹集方法不仅给政府财政带来了巨大压力，而且随着未来改进项目的增加，未来资金需求量将逐渐增大，此外城镇及乡村污染防治设施还需继续投入资金以实现项目的日常运行维护。由于上游经济发展相对滞后，现有财力较为薄弱，可持续性投入的难度较大，已经取得的阶段性成效难以长期保持。

4. 补偿技术有待于进一步甄选

现有补偿技术对流域内总氮的去除效果较好，但总磷和高锰酸盐指数却有所提升。这可能是由于现有的污染控制和处理方法去除磷和有机污染物的能力有限。未来将对现有方法进行进一步的筛选，根据水体中污染物组成的差别采用多种不同的补偿技术，实现目标污染物的去除。同时，也要进一步开发流域环境修复的方法，引入更多行之有效的方法和理论，实现于桥水库流域水质的全面改善。

5. 于桥水库流域生态补偿方法有待进一步完善

于桥水库流域生态补偿试点开展时间较短，虽然确定了生态补偿区域和生态补偿方法，但其方法主要是在国内外现有补偿方法的基础上总结而来，一些参数也是使用现有的经验参数，未考虑于桥水库流域本地的自然和社会属性，其效果还需实践的进一步检验：资金核算采用的是多种常用的流域补偿方法计算结果的均值，未来需要采用博弈的方法，真正利用市场的方法体现区域水资源的价值；资金分配方法考虑到上游河北省和下游天津市蓟州区的补偿，但目前的跨省补偿主要关注天津市和河北省之间的资金流动；补偿途径过于单一，只考虑政府的财政转移拨款，未考虑企业和个人参与补偿的方法和政策支持；补偿方法过于单一，主要采用现金补偿的方法，未考虑政策、技术等其他补偿方法。此外，目前的补偿措施大多数停留在启动阶段，哪种方法更适合该地区的生态补偿实际，还需时间验证。

7.3　完善于桥水库流域生态补偿的建议

于桥水库流域生态补偿是有效解决于桥水库流域水资源安全和水生态安全的方法。流域生态补偿试点开展至今已经取得了一定的成效，在理论上、方法上、体制上仍存在一些需要完善之处。为进一步完善于桥水库流域生态补偿，提出以下建议。

1．加强地区间沟通，开展津冀协同合作

加强与河北省相关地区和蓟州区的合作，加强沟通，促进流域生态补偿的开展，促进流域水环境保护。一方面，要配合蓟州区政府加快实施《于桥水库周边保护发展规划》和蓟州区新城建设，进一步扩大库区周边垃圾收集、清运和处理覆盖面，将果河纳入河长制管理，确保水质安全。另一方面，天津市继续与河北省合作，通过生态补偿、省际合作，促进滦河流域潘家口-大黑汀水库等重点水域及引滦入津沿线（河北省境内）划定为饮用水水源保护区，争取《潘家口-大黑汀水库水源地保护规划》尽快批复。同时，天津可以通过技术服务、资金投入、科技支持等方式协助河北地区进行滦河流域的污染治理和生态保护。

2．开展科学研究，完善补偿方法

于桥水库流域生态补偿研究时间尚短，需要进一步总结国内外的先进技术方法，结合于桥水库水文、地貌、水质、生物等特征，建立适合于桥水库地区的水环境补偿方法。第一，本书选取的基于生态系统服务功能价值的核算方法、基于生态保护与建设成本的核算方法、基于发展机会成本的核算方法、基于水资源价值的核算方法、基于补偿主体支付能力的核算方法都被广泛应用于测算生态补偿额度。但不可否认的是，这些方法分别存在主观性过强、基础数据需求量过大、计算结果存在偏差等问题，因此未来应采用更多方法进行筛选，对现有方法进行改进，提高生态补偿额度的计算精度。第二，本书选用 INVEST 模型和 PLOAD 模型进行补偿区域的确定和污染负荷的计算。两种模型均源于美国，采用的参数

也多借用美国、欧洲等发达国家和地区的参数，一定程度上影响了计算结果的精度。未来将加强基础研究，计算天津本地的经验值，实现模型的本地化。第三，INVEST 模型和 PLOAD 模型可以准确计算区域的污染负荷，可以精确分析于桥水库流域污染排放量，对流域污染控制有积极的作用。但该方法未考虑污染负荷与水库距离，因此无法预测削减对于桥水库水质的影响。未来应考虑模型联用，将污染削减的成效真正体现在于桥水库水资源保护上，为于桥水库水资源保护提供更有力的理论支撑。

3．扩大补偿额度，纳入专项支持

于桥水库流域水环境补偿试点资金由中央、河北省和天津市共同投入，这种财政专项转移支付形式的补偿资金来源稳定，对生态补偿的作用非常直接和有效，但在我国现行的行政体制和财税制度下，决定了通过政府财政转移支付手段实施跨行政区生态补偿时，生态服务的提供与受用双方需上一级政府财政统筹协调。因此，为有效解决上游经济发展与保护环境的矛盾，建议在中央财政继续支持的同时，天津市和河北省充分考虑近年来于桥水库流域水环境保护实际投入，适当提高补偿标准，进一步加大补偿资金力度。

4．建立长效机制，推动横向补偿

作为受益方，在现有资金补偿的基础上，下游地区有责任向上游地区提供多渠道多方式的补偿和援助，逐步建立起长效机制。建议天津市加大产业、政策补偿的力度，如采取对蓟州区区域予以政策倾斜，支持河北省建立污水处理厂，向河北省提供低污染的农田耕种、畜禽养殖技术等形式，兼顾上游发展愿望，形成共建共享、共同发展的局面，改“输血式”生态补偿为“造血式”生态补偿。同时，通过建立部际联席会议制度，加强国家对地方的宏观指导和总体把握，强化区域之间的沟通和协作，推动上下游地区间建立横向生态补偿制度，把目前国家和两省共同投入的“一纵加一横”的补偿模式，提高天津市和河北省之间“横向”的补偿模式的比重。

5. 以流域为单元开展价值核算

要以社会经济发展和环境保护“双赢”为目的，综合考虑于桥水库整体流域的经济发展方向。一方面，要严格控制流域内的点源污染。对于流域内的企业，要结合其资源消耗和污染排放综合考虑其价值，并建立生态环境损害责任终身追究制，严禁污染严重的企业上马。另一方面，不能忽视流域内的面源污染。农业、农村生产生活产生的面源污染是造成于桥水库水质下降的主要因素，应支持开展河北省和蓟州区地区水文特征的调研工作，加强基础研究工作，开展氮、磷等污染物的分析与模拟，摸清迁移转化规律，为流域面源污染防治提供技术支撑，不断提高流域管理决策的科学化、精细化水平。同时，为进一步保护于桥水库，放大试点综合效益，建议在上游潘家口-大黑汀水库以及水源运输区划定生态红线，限制流域上游地区的开发。

6. 开展生态补偿的科普活动

生态补偿制度的推行离不开社会各界以及广大群众的支持，然而目前居民对生态补偿的理解有限，对水资源的价值认识不够，因此下游对上游补偿的意愿极其有限。未来应大量开展水资源价值以及生态补偿重要性的科普活动，将“谁污染、谁治理，谁受益、谁补偿”的思想深入人心，采用经济手段、行政手段、法律手段集全流域之力共同保障天津市唯一的饮用水水源地。